Super M

Arbeitsheft

4

Herausgegeben von
Ursula Manten

Erarbeitet von
Ursula Manten
Ariane Ranft
Gabi Viseneber
Mirjam Walde

Illustrationen von
Eve Jacob
Martina Leykamm
Dorothee Mahnkopf

 Deine **interaktiven Gratis-Übungen** findest du hier:

1. Gib den unten stehenden Zugangscode in die Box ein.
2. Hab viel Spaß mit deinen Gratis-Übungen.

Dein Zugangscode auf
go.cornelsen.de | t25xc-n8bgt

Inhalt

		Schulbuch	Förderheft Einstiege	Förderheft Aufstiege
Wiederholung				
Addition und Subtraktion	3	4	2	2
Multiplikation und Division	4	6	3	3
Größen	5	8	4	4
Sachrechnen	6	10	5	5
Geometrie	7	12	6	6
Häufigkeiten, Wahrscheinlichkeiten, Muster	8	14	7	7
Die Zahlen bis 100 000				
Die Zahlen bis 10 000	9	18	9	9
Orientierung im Zahlenraum bis 10 000	10	20	10	10
Die Zahlen bis 100 000	11	22	11	11
Orientierung im Zahlenraum bis 100 000	12	24	12	12
Größen Teil 1				
Längen/Entfernungen	13	26	13	13
Zahlen aus dem Flugverkehr	14	28	14	14
Die Zahlen bis 1 000 000				
Die Zahlen bis 1 000 000	15	32	16	16
Übungen im Zahlenraum bis 1 000 000	16	34	17	17
Übungen im Zahlenraum bis 1 000 000	17	34	17	17
Umgang mit großen Zahlen	18	36	18	18
Größen Teil 2				
Volumina	19	38	19	19
Gewichte	20	40	19	19
Addition und Subtraktion bis 1 000 000				
Halbschriftlich addieren und subtrahieren	21	44	21	21
Schriftlich addieren und subtrahieren	22	46	22	22
Schriftlich addieren und subtrahieren üben	23	48	22	22
Sachrechnen – Große Fußballstadien	24	50	23	23
Sachrechnen – Zeitpunkte und Zeitspannen	25	52	24	24
Geometrie Teil 1				
Modelle und Netze von geometrischen Körpern	26	54	25	25
Quader und Würfel darstellen	27	56	26	26
Geometrie und Kunst	28	58	27	27
Multiplikation				
Stufenzahlen multiplizieren/Halbschriftlich multiplizieren	29	62	29	29
Schriftlich multiplizieren	30	64	30	30
Schriftlich multiplizieren üben	31	66	31	31
Multiplizieren von Kommazahlen	32	68	32	32
Ungleichungen	33	69	32	32
Sachrechnen – Tierrekorde	34	70	33	33
Größen Teil 3				
Rechnen mit Gewichten	35	72	34	34
Gewichte und Volumina	36	74	34	34
Daten, Häufigkeit und Wahrscheinlichkeit				
Daten sammeln und darstellen	37	78	36	36
Häufigkeiten und Wahrscheinlichkeiten	38	80	37	37
Kombinatorik	39	82	38	38
Geometrie Teil 2				
Rechter Winkel/Parallelen	40	84	39	39
Zeichnen mit dem Geodreieck	41	86	40	40
Parkettierungen	42	88	41	41
Kreis und Zirkel	43	90	42	42
Symmetrie	44	92	43	43
Division				
Division mit Stufenzahlen/Halbschriftlich dividieren	45	96	45	45
Schriftlich dividieren	46	98	46	46
Schriftlich dividieren üben	47	100	47	47
Schriftlich dividieren üben	48	102	48	48
Durchschnitt	49	103	48	48
Vielfache und Teiler	50	104	49	49
Teilbarkeit	52	106	50	50
Taschenrechner	53	108	51	51
Geometrie Teil 3				
Umfang und Flächeninhalt	54	112	53	53
Maßstab	56	116	55	55
Räumliche Orientierung	57	118	56	56
Aufgaben für Super M-Fans				
Aufgaben für Super M-Fans – Forschen und entdecken	58	122	58	58
Aufgaben für Super M-Fans – Römische Zahlzeichen	59	124	59	59
Aufgaben für Super M-Fans – Geometrische Knobeleien	60	126	60	60
Grundwissen				
Das kann ich jetzt – Addition und Subtraktion	61	128	61	61
Das kann ich jetzt – Multiplikation und Division	62	130	62	62
Das kann ich jetzt – Größen und Sachrechnen	63	132	63	63
Das kann ich jetzt – Geometrie	64	134	64	64

① Rechne im Kopf.

a)
7 + 2 = _____
70 + 20 = _____
700 + 200 = _____

b)
50 + 30 = _____
150 + 30 = _____
250 + 30 = _____

c)
90 + 30 = _____
190 + 30 = _____
290 + 30 = _____

d)
140 + 100 = _____
140 + 200 = _____
240 + 300 = _____

e)
6 − 3 = _____
60 − 30 = _____
600 − 300 = _____

f)
70 − 50 = _____
170 − 50 = _____
270 − 50 = _____

g)
110 − 30 = _____
210 − 30 = _____
310 − 30 = _____

h)
850 − 100 = _____
840 − 200 = _____
830 − 300 = _____

② Rechne mit deinem Rechenweg.

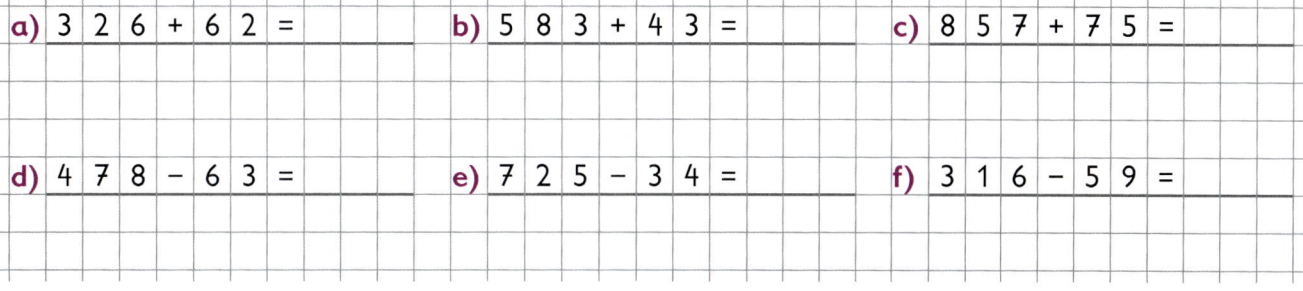

a) 3 2 6 + 6 2 =   b) 5 8 3 + 4 3 =   c) 8 5 7 + 7 5 =

d) 4 7 8 − 6 3 =   e) 7 2 5 − 3 4 =   f) 3 1 6 − 5 9 =

257   388   415   525   626   691   932

③ Schriftliche Addition und Subtraktion

a) 576 + 178
274 + 57
709 + 274

b) 825 − 536
641 − 367
903 − 86

c) 511 − 426
629 + 371
1000 − 273

Schreibe stellengerecht untereinander.

④ Zahlenmauern

a)
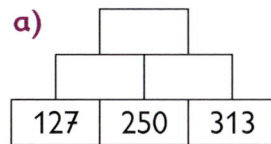
127 | 250 | 313

b)
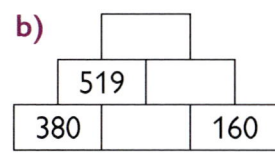
519
380 | | 160

c)
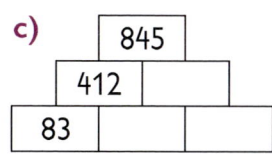
845
412
83

d)
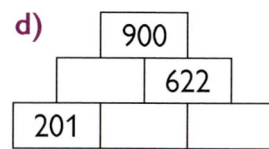
900
622
201

Multiplikation und Division

① Rechne.

a)
·	60	80
3		
6		
9		

b)
:	7	70
210		
420		
630		

c)
·	30		90
2		120	
4			
			540

② Rechne geschickt.

a) $4 \cdot 7 \cdot 5 =$ ____
   $7 \cdot 6 \cdot 5 =$ ____
   $5 \cdot 9 \cdot 2 =$ ____

b) $8 \cdot 2 \cdot 5 =$ ____
   $8 \cdot 9 \cdot 5 =$ ____
   $5 \cdot 4 \cdot 6 =$ ____

c) $8 \cdot 6 \cdot 5 =$ ____
   $8 \cdot 8 \cdot 5 =$ ____
   $4 \cdot 3 \cdot 5 =$ ____

d) $2 \cdot 15 \cdot 8 =$ ____
   $3 \cdot 4 \cdot 15 =$ ____
   $15 \cdot 7 \cdot 2 =$ ____

③ Notiere deinen Rechenweg.

a) $7 \cdot 11 =$ ____
   $9 \cdot 47 =$ ____

b) $7 \cdot 86 =$ ____
   $5 \cdot 55 =$ ____

c) $255 : 5 =$ ____
   $504 : 7 =$ ____

④ Division mit und ohne Rest. Rechne zu jeder Aufgabe die Probe.

a) $672 : 6 =$ ____

b) $262 : 3 =$ ____

c) $398 : 9 =$ ____

⑤ Finde und rechne Aufgaben.

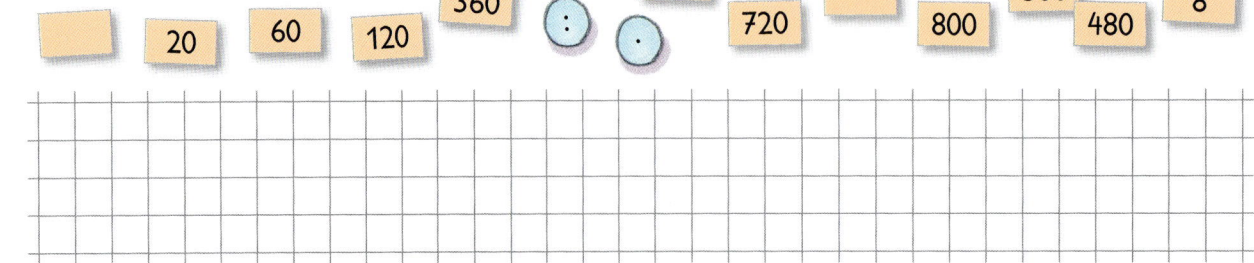

20 60 120 360 : · 5 720 800 300 480 8

4

① Rechne. Zeichne die Abschnitte ein und beschrifte sie.

a) 38 mm + _____ mm = 10 cm

|—————— 38 mm ——————|————————————————————————|

b) 95 mm + _____ mm = 10 cm

|——|

c) 7 mm + _____ mm = 10 cm

|——|

d) _____ mm + 13 mm = 10 cm

|——|

e) _____ mm + 81 mm = 10 cm

|——|

② Wandle um und rechne schriftlich.

a) 3,15 m + 60 cm + 1,50 m
   6,20 m + 8 cm + 0,80 m
   4,77 m + 12 m + 347 cm

b) 356,250 km + 750 m
   0,785 km + 85 m
   5 km 200 m + 845 m

c) 50 m − 7,75 m
   75,60 m − 18 m
   325 cm − 1,84 m

③ Ergänze.

a) 470 g + _____ g = 1 kg
   85 g + _____ g = 1 kg
   $\frac{1}{2}$ kg + _____ g = 1 kg

b) 750 ml + _____ ml = 1 l
   $\frac{3}{4}$ l + _____ ml = 1 l
   $\frac{1}{8}$ l + _____ ml = 1 l

c) 0,9 l + _____ ml = 1 l
   0,25 l + _____ ml = 1 l
   0,333 l + _____ ml = 1 l

④ In den Ferien machen Tom und Anna mit ihren Eltern eine große Wanderung rund um einen Badesee. Am Ende der Wanderung stöhnt Tom: „Wäre ich doch mit dem Fahrrad gefahren, dann hätte ich nur 1 h 36 min gebraucht."

a) Wie viele Kilometer lang war die Wanderstrecke?

b) Wie lange hat die Wanderung gedauert?

1 km in 4 Minuten

1 km in 16 Minuten

Sachrechnen

① Nach den großen Ferien haben sich die Schülerzahlen in allen Klassen verändert.

a) Berechne fehlende Zahlen.

b) Wie viele Mädchen sind in dieser Schule? Wie viele Jungen? Vergleiche.

c) Wie viele Kinder besuchen insgesamt die Schule?

d) Wie viele Kinder wurden neu eingeschult?

e) In welches Schuljahr gehen die meisten Kinder?

•☐• **f)** Finde weitere Fragen für deinen Partner.

Klasse	Jungen	Mädchen	gesamt
1 a	12		26
1 b	14	9	
1 c		11	24
2 a	11		24
2 b	14		25
2 c	12		24
3 a	13	12	
3 b		10	25
3 c	12	14	
4 a		13	27
4 b	13	12	
4 c	13		26

(Spaltenüberschrift gesamt: Schülerzahl)

② In der Schule werden viele Arbeitsgemeinschaften (AGs) für die 3. und 4. Schuljahre angeboten. Jedes Kind kann immer für drei Monate eine AG auswählen.

AG	Mädchen	Jungen
Judo	12	12
Fußball	3	15
Schulzeitung	9	3
Hip-Hop	5	8
Schach	2	10
Experimente	8	14

a) Vergleiche die Anzahlen in den verschiedenen Angeboten. Was fällt dir auf? Notiere.

b) Wie viele Jungen/Mädchen/Kinder nehmen insgesamt an Arbeitsgemeinschaften teil?

c) Wie viele Jungen/Mädchen/Kinder aus den Klassen 3 und 4 nehmen an keiner Arbeitsgemeinschaft teil?

d) Übertrage die Angaben aus der Tabelle in ein Säulendiagramm.
Mädchen ▇   Jungen ▇

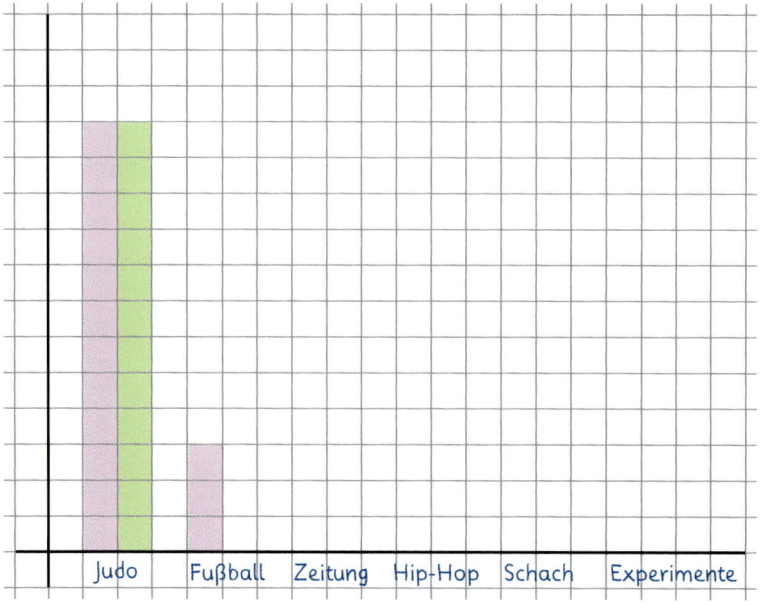

Judo   Fußball   Zeitung   Hip-Hop   Schach   Experimente

6

① Zeichne Netze von Würfel und Quader.

   a) Zeichne ein anderes Würfelnetz und ein anderes Quadernetz.

   b) Male alle Netze in den Farben Blau, Rot und Gelb an. Gegenüberliegende Seiten sollen dieselbe Farbe bekommen.

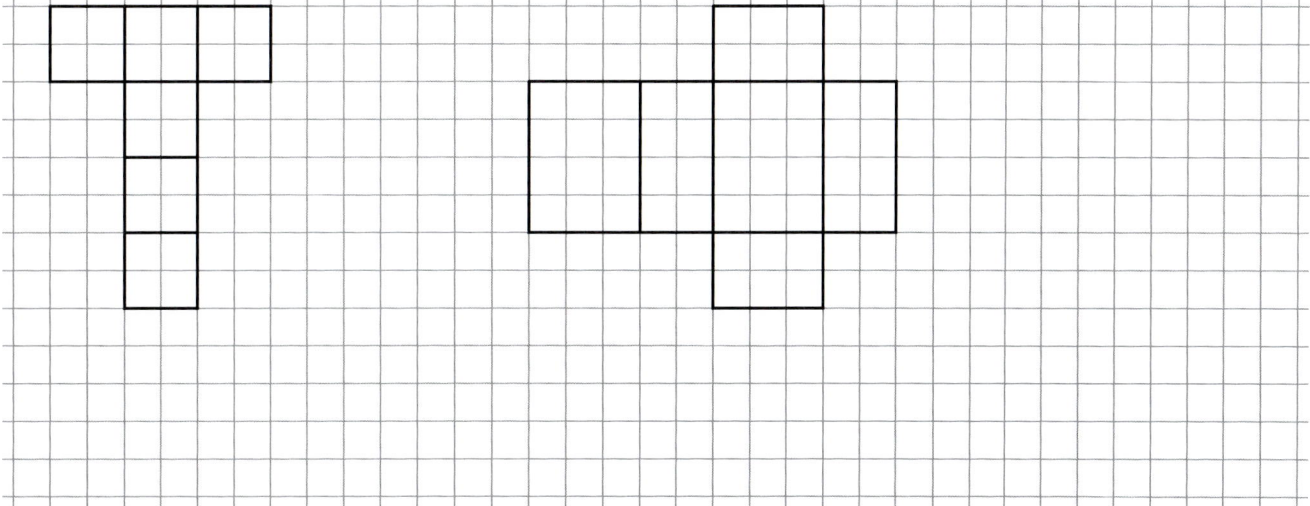

② Welcher Körper ist beschrieben?

Alle Flächen an diesem Körper sind Quadrate.

Der Körper kann rollen, aber nicht stehen.

Alle Flächen an diesem Körper sind Rechtecke.

Der Körper kann rollen und stehen.

③ **a)** Wie viele Würfel sind es mindestens, wie viele höchstens?
   b) Schreibe zu jedem Gebäude einen Bauplan. Vergleiche die beiden Gebäude. Können sie gleich sein?

A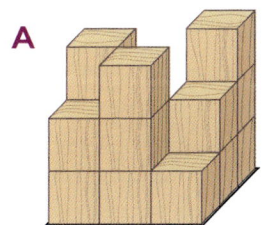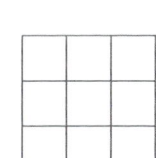

B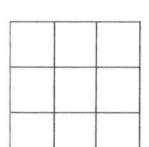

④ Ergänze symmetrisch. Zeichne zwei eigene symmetrische Figuren.

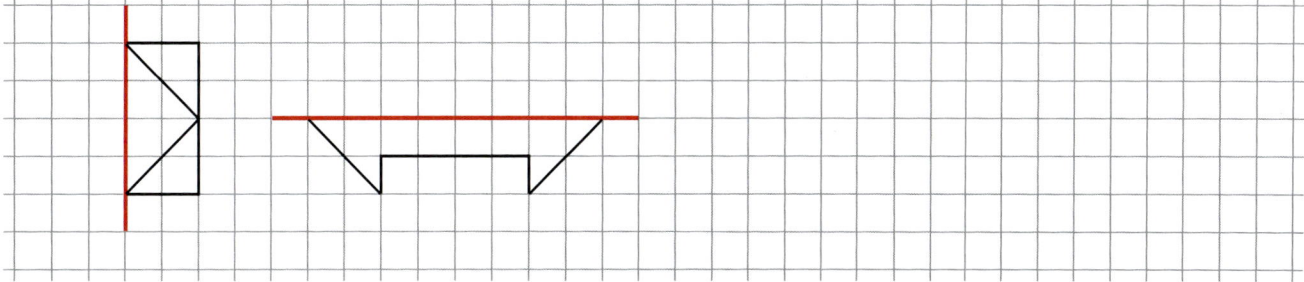

Häufigkeiten, Wahrscheinlichkeiten, Muster

① Du hast die Ziffernkarten  .

Du ziehst drei Karten und legst daraus eine dreistellige Zahl.
Welche Ergebnisse sind möglich (m), unmöglich (u) oder sicher (s)? Entscheide.

a) Die Zahl ist kleiner als 200. ☐   **b)** Die Zahl ist größer als 800. ☐

c) Die Zahl ist gerade. ☐   **d)** Die Zahl heißt 466. ☐

e) Die Zahl heißt 268. ☐   **f)** Die Zahl ist größer als 245. ☐

② Du füllst ein Säckchen mit 15 Murmeln in den Farben Rot und Blau.

a) Wie viele Murmeln von jeder Farbe musst du nehmen, damit beide Aussagen
stimmen?
– Von einer Farbe sind doppelt so viele Murmeln im Beutel wie von
der anderen Farbe.
– Es ist wahrscheinlicher, eine rote als eine blaue Murmel zu ziehen.

b) Wie viele Murmeln musst du höchstens ziehen, um eine blaue Murmel zu bekommen?
Begründe.

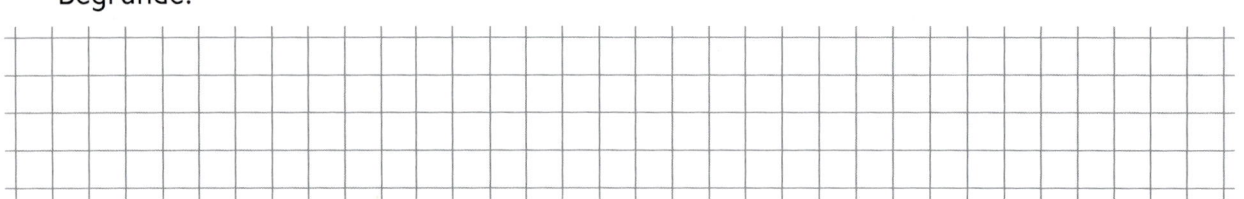

③ Die 14 Jungen der Klasse 4 a veranstalten ein Tischtennisturnier.
Jeder soll gegen jeden einmal spielen.

a) Zu wie vielen Spielen muss jeder Junge antreten? _____

b) Wie viele Spiele finden insgesamt statt? Notiere deine Überlegungen.

④ Wie geht es weiter?

a) Notiere zu jedem Punktefeld eine passende Malaufgabe.
b) Zeichne und berechne die nächsten beiden Punktefelder.

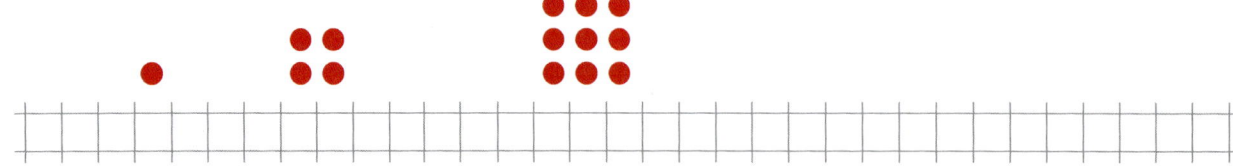

c) Aus wie vielen Punkten besteht das 10. Punktefeld? _____

① Notiere die Zahlen in der Stellentafel.

a)

b)

c)

d)

e)

ZT	T	H	Z	E

② Schreibe als Plusaufgabe.

| 4 | 6 | 9 | 3 |

$4\ 0\ 0\ 0\ +\ 6\ 0\ 0\ +\ 9\ 0\ +\ 3\ =\ 4\ 6\ 9\ 3$

| 7 | 0 | 5 | 8 |

| 2 | 4 | 7 | 0 |

| 6 | 1 | 0 | 9 |

| 7 | 0 | 0 | 1 |

③ Schreibe wie im Beispiel.

fünftausendsechshundertvierundzwanzig $5\ 6\ 2\ 4\ =\ 5\ 0\ 0\ 0\ +\ 6\ 0\ 0\ +\ 2\ 0\ +\ 4$

zweitausenddreihunderteinundneunzig

siebentausendvierhundertsechsundsiebzig

neuntausendachthundertsiebenundsechzig

sechstausendfünfhundertdreiundachtzig

④ Schreibe alle vierstelligen Zahlen, die in jeder Stelle dieselbe Ziffer aufweisen,
als Zahlenfolge auf einen Zettel. Beginne mit der größten Zahl.
Notiere auch die Regel, nach der man die Folge berechnen kann.

① Trage die Zahlen ein.

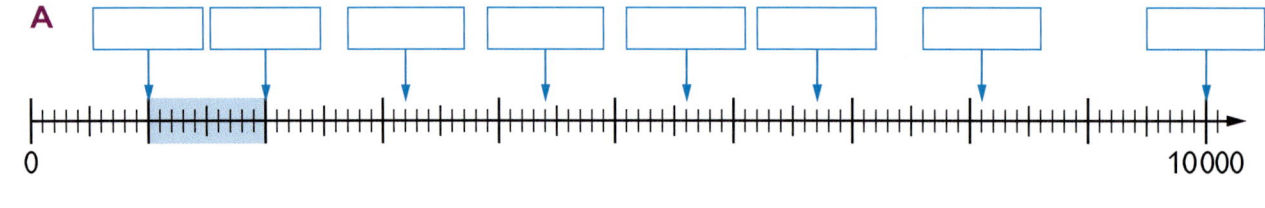

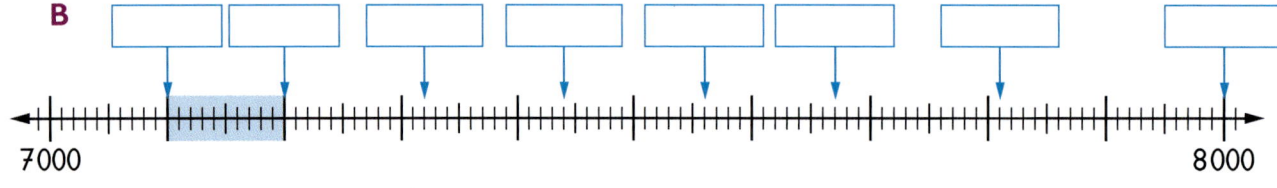

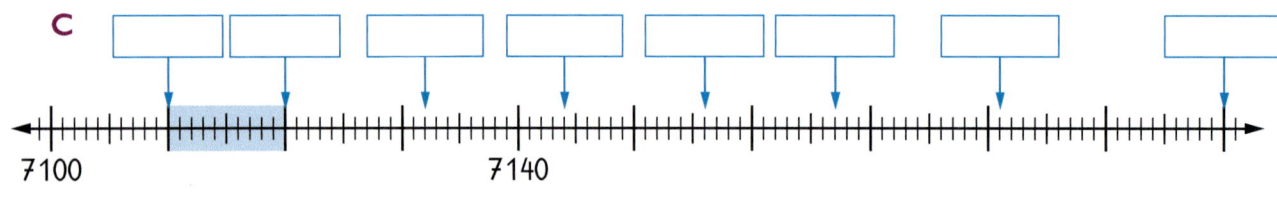

a) Vergleiche die Zahlen aus A, B und C. Notiere, was dir auffällt.

_____

_____

b) Wie viele Zahlen gehören jeweils zu dem blau gekennzeichneten Abschnitt?

_____

② a) Färbe auf dem Zehntausenderstrahl den Abschnitt für B aus Aufgabe 1 in Rot ein.

b) Färbe den Abschnitt für C aus Aufgabe 1 in Grün ein.

0 |————————————————————————————————————| 10000

③ Trage passende Zahlen ein.

V	Zahl	N
	4763	
	6259	
5876		
3489		
		5841
		7401

NZ	Zahl	NZ
	2694	
	9099	
8460		
3010		
		6200
		3000

NH	Zahl	NH
	6219	
	4806	
6400		
8900		
		5700
		3000

NT	Zahl	NT
	6857	
	9010	
7000		
4000		
		9000
		6000

1 a) Schreibe die Zahlen in die Stellentafel.
b) Schreibe die Zahlen nach der Größe geordnet auf. Beginne mit der kleinsten Zahl.

HT	ZT	T	H	Z	E
	•••	•••••	••••	••••••	•••
	••••••	•••		••••••	••
	••••••		•••••••	••••••	•
		•••••••	•••••••	•••••••	
	•••••	••••••	••••••		••••••
•					

HT	ZT	T	H	Z	E	Zahl

2 Schreibe als Plusaufgabe.

zweiundfünfzigtausendsiebenhundertvierunddreißig

vierundsechzigtausendsechshundertdreiundvierzig

achtzigtausendsechsundsiebzig

neunundsiebzigtausendneunhundertneunundneunzig

sechsundvierzigtausendfünfhundertsechzig

dreiundneunzigtausendacht

3 Welche Zahlen können entstehen, wenn Alex eine Stelle um 2 verändert? Trage ein.

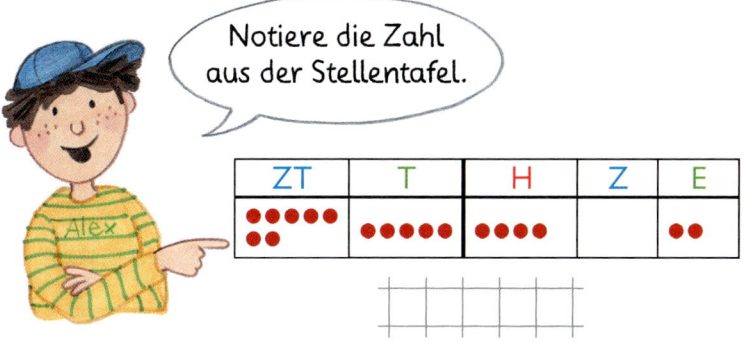

Notiere die Zahl
aus der Stellentafel.

ZT	T	H	Z	E
•••••	•••••	••••		••

ZT	T	H	Z	E

ZT	T	H	Z	E

Orientierung im Zahlenraum bis 100 000

① **a)** Wo liegen diese Zahlen auf dem Zahlenstrahl? Verbinde.

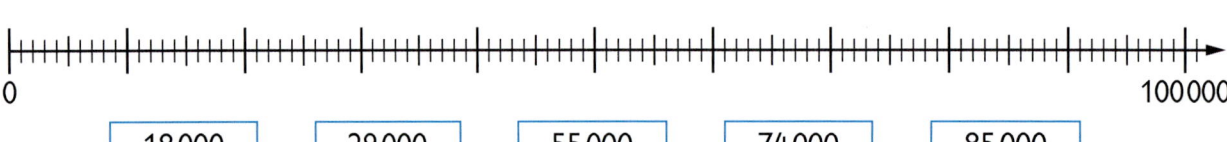

| 20 000 | 35 000 | 60 000 | 83 000 | 97 000 |

| 18 000 | 29 000 | 55 000 | 74 000 | 85 000 |

b) Trage passende Zahlen ein.

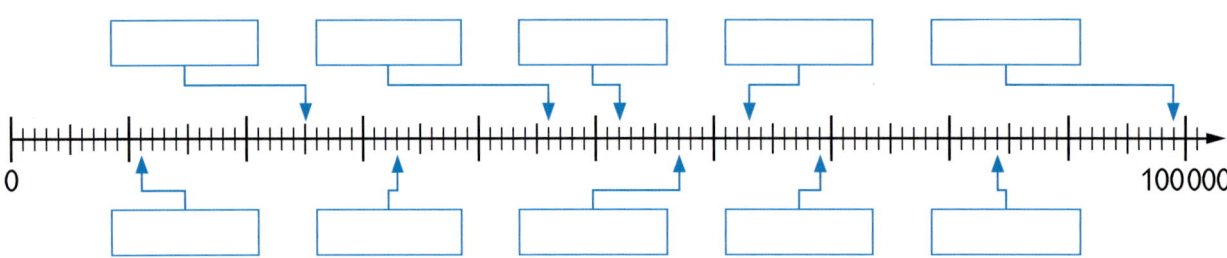

---

② Trage passende Zahlen ein.

V	Zahl	N
	26 714	
	69 499	
38 471		
81 089		
		40 627
		50 000

NT	Zahl	NT
	57 820	
	32 940	
58 000		
27 000		
		78 000
		90 000

NZT	Zahl	NZT
	24 365	
	77 812	
40 000		
10 000		
		80 000
		60 000

---

③ Ergänze zu 100 000.

a) 24 500 + _____ = 100 000

12 600 + _____ = 100 000

43 700 + _____ = 100 000

b) 67 550 + _____ = 100 000

83 620 + _____ = 100 000

74 780 + _____ = 100 000

---

④ Wie geht es weiter? Setze die Folgen fort und beschreibe jeweils das Muster.

a) 35 605, 35 705, 35 805, _____, _____, _____.   immer_____

b) 10 500, 21 500, 32 500, _____, _____, _____.   immer_____

c) 59 250, 61 250, 63 250, _____, _____, _____.   immer_____

d) 39 750, 40 250, 40 750, _____, _____, _____.   immer_____

①

Wir wohnen in Köln, aber meine Mutter arbeitet in Dortmund. — *Maria*

Die Hin- und Rückfahrt von Köln aus in diesem Urlaub war etwa 1200 km lang. — *ANNA*

a) Wie viele Kilometer muss Marias Mutter ungefähr täglich fahren?

b) Überschlage auch ihre Fahrtstrecke in der Woche (5 Arbeitstage) und im Monat (22 Arbeitstage).

c) Wo kann Anna ihren Urlaub verbracht haben? Finde mehrere Möglichkeiten.

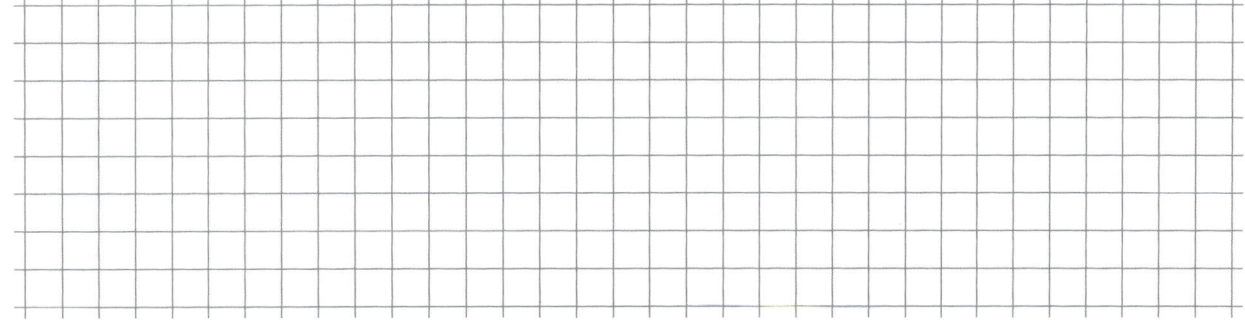

② Suche jeweils die kürzeste Strecke und berechne sie.

a) von Köln nach Hamburg

b) von München nach Köln

c) von Saarbrücken nach Dresden

d) von Berlin nach Freiburg

Zahlen aus dem Flugverkehr

1 a) Berechne die Flugkilometer für
Hin- und Rückflug.
- Berlin–Stockholm
- Köln–Rom
- München–Istanbul

b) Marias Vater fliegt jeden Monat
einmal von Köln aus für seine
Firma nach Paris und zurück.
Überschlage, wie viele Flug-
kilometer er im Jahr auf dieser
Strecke zurücklegt.

c) Alis Familie fliegt in den Ferien
von Berlin nach Istanbul, steigt
dort um und fliegt noch 466 km
weiter nach Marmaris.

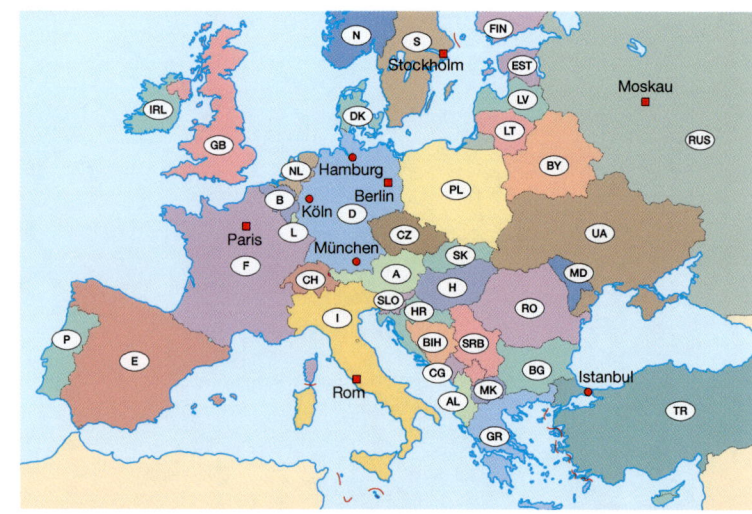

	Paris	Rom	Stockholm	Istanbul
Berlin	1055 km	1506 km	1083 km	2195 km
Köln	492 km	1404 km	1399 km	2469 km
München	840 km	920 km	1628 km	1890 km

2 Flugkapitän Reuter hat in den letzten Monaten seine Flugkilometer aufgeschrieben.

April: 48 926 km   Mai: 41 569 km   Juni: 45 192 km

Juli: 42 614 km   August: 39 848 km   September: 48 683 km

Runde die Flugkilometer auf Tausender und zeichne ein Balkendiagramm.

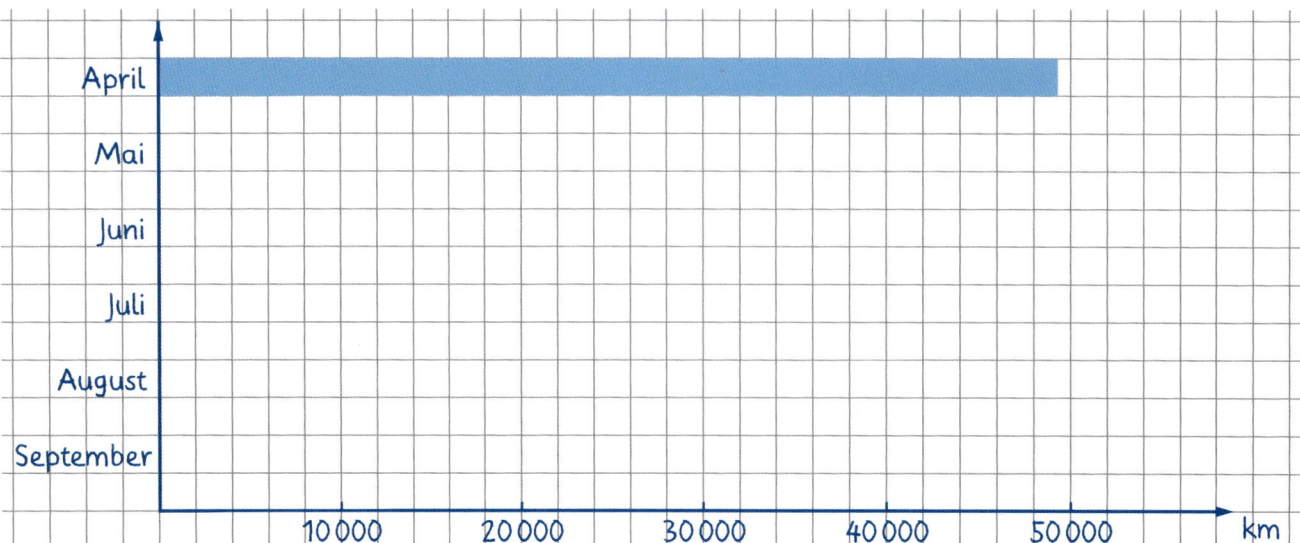

14

① Trage die Zahlen ein.

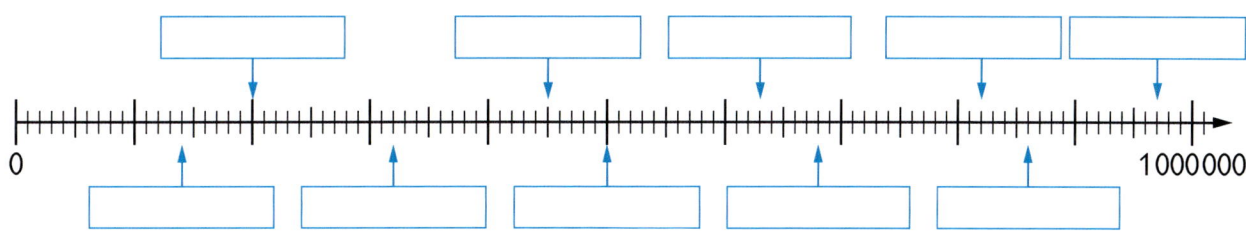

② Trage die Zahlen ein.

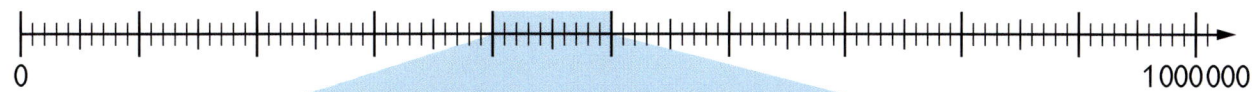

a) Wie viele Zahlen liegen in dem blauen Abschnitt?

b) Wie viele Zahlen können genau zugeordnet werden? Welche Zahlen sind das?
Notiere die kleinste dieser Zahlen und die folgenden fünf Zahlen.

③ Welche Zahl ungefähr?

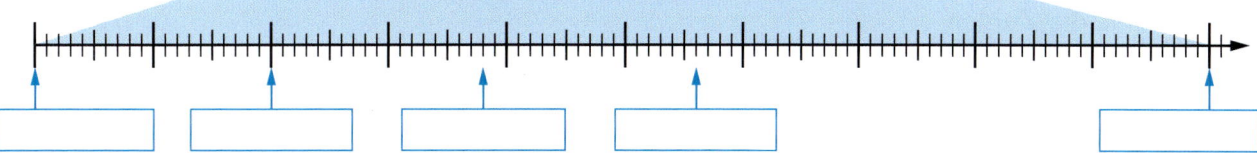

a) 0 — 1 000 000

b) 300 000 — 600 000

c) 500 000 — 600 000

d) 250 000 — 850 000

e) 300 000 — 900 000

f) 350 000 — 500 000

④ **a)** Ordne die Zahlen nach der Größe. Addiere und trage ein.

| 647 905 | 83 912 | 648 069 | 803 796 | 345 687 | 354 578 |

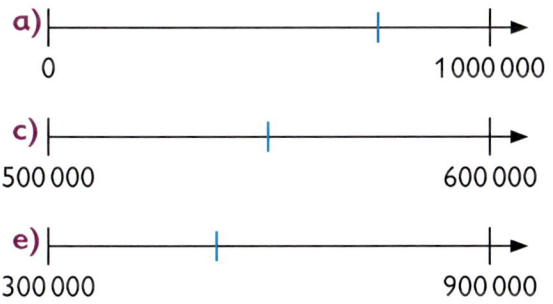

| 83 912 | | | | | |

b) Jede Zahl + 100.

| | | | | | |

c) Jede Zahl + 10 000.

| | | | | | |

Übungen im Zahlenraum bis 1 000 000

① Trage ein.

a)

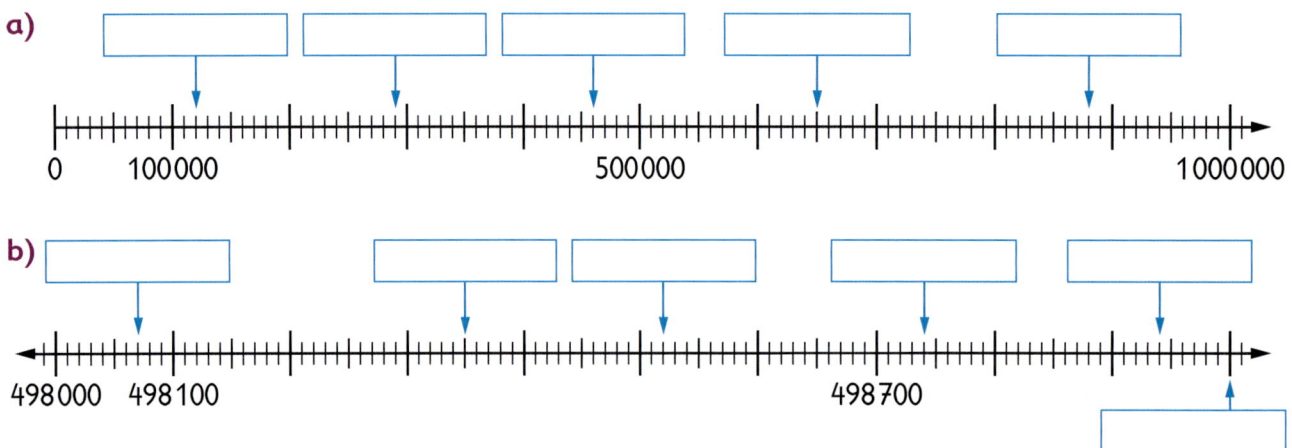

b)

② Schreibe die Zahlen.

a) vierhundertsechsundachtzigtausenddreihundertdreiundfünfzig _____

b) neunhundertvierundneunzigtausendvierundachtzig _____

c) einhundertfünftausendzweihundertsieben _____

d) fünfhundertsiebzigtausendachtundsechzig _____

e) siebenhundertneunzehntausendfünf _____

f) zweihunderteinunddreißigtausendachthundertzwei _____

③ Ergänze.

a) 200 000 + _____ = 1 000 000   b) 575 000 + _____ = 1 000 000

400 000 + _____ = 1 000 000   575 300 + _____ = 1 000 000

860 000 + _____ = 1 000 000   575 370 + _____ = 1 000 000

630 000 + _____ = 1 000 000   575 378 + _____ = 1 000 000

④ Lege die Zahlen zuerst mit den Ziffernkärtchen, bevor du sie aufschreibst.

a) Bilde die größtmögliche und die kleinstmögliche Zahl.

b) Bilde eine Zahl, die ziemlich genau in der Mitte zwischen den Zahlen aus a) liegt.

c) Bilde alle Zahlen, die größer als 986 300 sind.

d) Bilde alle Zahlen, die größer als 460 000, aber kleiner als 468 000 sind.

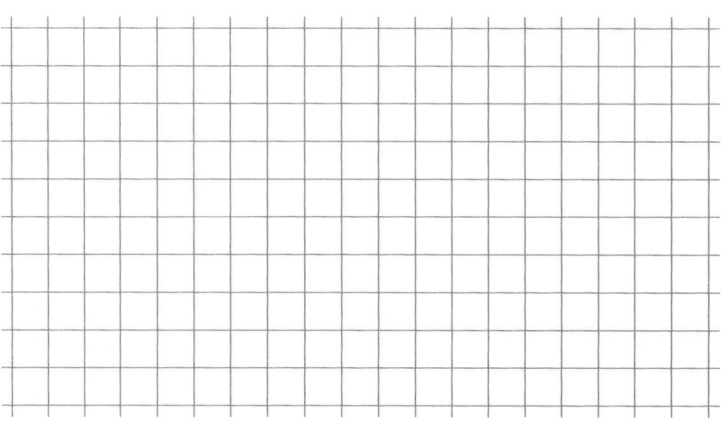

16

Übungen im Zahlenraum bis 1 000 000

① Alle Kinder starten bei 674 318.

a) Berechne und notiere für jedes Kind die Zielzahl.

b) Markiere am Zahlenstrahl, wo jedes Kind ungefähr steht. Schreibe jeweils den Namen des Kindes dazu.

c) Berechne für jedes Kind, wie viele Einerschritte bis 1 Million fehlen.

Zehn Tausenderschritte weiter

Fünf Zehntausenderschritte weiter

Vierzig Hunderterschritte weiter

Drei Hunderttausenderschritte weiter

Nele: _____

Maria: _____

Jan: _____

Ali: _____

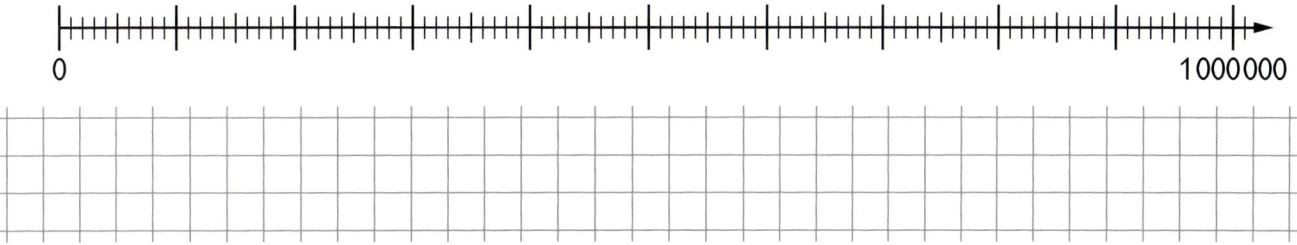

0   1 000 000

---

② Zerlege die Zahlen wie im Beispiel.

a) 723 601 = _723 000 + 601_   **b)** 807 037 = _____   **c)** 345 654 = _____

440 568 = _____   27 640 = _____   54 345 = _____

957 006 = _____   600 192 = _____   280 082 = _____

---

③ Trage die fehlenden Zahlen ein und ergänze jeweils passende Beispiele.

a)

1 000 000	
586 000	
	692 000

b)

1 000 000	
	586 200
692 400	

c)

1 000 000	
586 250	
	692 480

---

④ Rechne.

a) 324 518 +   6 000 = _____   **b)** 879 468 −   6 000 = _____

324 518 + 66 000 = _____   879 468 − 66 000 = _____

324 518 + 66 060 = _____   879 468 − 66 006 = _____

Umgang mit großen Zahlen

① Die Größe von Städten beurteilt man nach der Einwohnerzahl.
Alle Städte mit mehr als 100 000 Einwohnern (EW) werden als Großstädte bezeichnet.
1887 gab es im Gebiet der heutigen Bundesrepublik Deutschland nur zehn Großstädte.
Seit 2014 gibt es 77 Großstädte, davon 29 in Nordrhein-Westfalen.

Die Tabelle enthält Angaben zu den zehn deutschen Großstädten, die mehr als eine
halbe Million und weniger als eine Million Einwohner haben.

Name	EW 1950	EW 2014	Bundesland
Frankfurt am Main	532 037	717 624	Hessen
Stuttgart	497 677	612 441	Baden-Württemberg
Düsseldorf	500 516	604 527	Nordrhein-Westfalen
Dortmund	507 349	580 511	Nordrhein-Westfalen
Essen	605 411	573 784	Nordrhein-Westfalen
Bremen	444 549	551 767	Bremen
Leipzig	617 574	544 479	Sachsen
Dresden	494 187	536 308	Sachsen
Hannover	444 296	523 642	Niedersachsen
Nürnberg	362 459	501 072	Bayern

Beantwortet die Fragen/Aufträge mit Hilfe der Tabelle bzw. durch Rechnung.

a) Wie heißen in der Tabelle die drei größten Großstädte in Nordrhein-Westfalen?
Notiert sie nach der Größe geordnet. Wie viele Menschen lebten 2014 insgesamt
in diesen Städten? Vergleicht mit den Einwohnerzahlen von 1950.

b) Rundet die Einwohnerzahlen aller Städte auf Hunderttausender.

c) Stellt die Einwohnerzahlen von Frankfurt am Main, Dortmund, Dresden, Hannover
und Nürnberg als Balkendiagramm dar. Zeichnet für 100 000 Einwohner 2 Kästchen.
Was fällt auf?

SB▶36/37 E▶18 A▶18

In einen Würfel mit der Kantenlänge 10 cm passen
1000 Zentimeterwürfel oder 1000 ml Wasser.

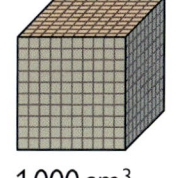 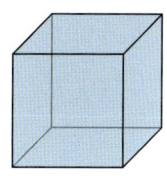

$1000\,cm^3$ $1000\,ml$

① **a)** Wie viele Zentimeterwürfel passen in diese Gefäße?

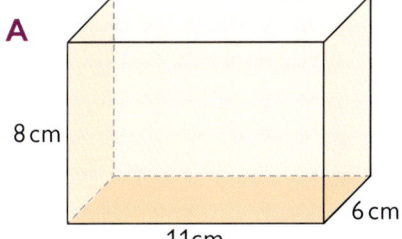

A

8 cm

11 cm   6 cm

B

3 cm   7 cm

13 cm

C

4 cm   5 cm

5 cm

b) Wie viele Milliliter Wasser passen in die Gefäße? Gib die Menge auch in Litern an.

② **a)** Schreibe in Millilitern.
   $3\,l$; $2,5\,l$; $0,4\,l$; $2,05\,l$; $2\frac{1}{2}\,l$; $1\frac{3}{4}\,l$;

   b) Schreibe in Litern.
   1300 ml; 420 ml; 6020 ml; 250 ml; 6 ml; 55 ml

   c) Schreibe auf zwei verschiedene Arten.
   5070 ml; 750 ml; 2 l 50 ml; 4,555 l; 4,55 l; 4,055 l

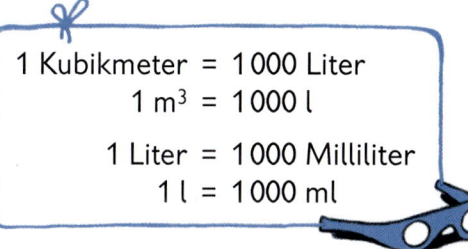

1 Kubikmeter = 1000 Liter
$1\,m^3$ = 1000 l

1 Liter = 1000 Milliliter
1 l = 1000 ml

③ Wie viele Zentimeter hoch steht das Wasser in einem Würfel mit der Kantenlänge 10 cm?

   a) 200 ml   **b)** 50 ml   **c)** 800 ml   **d)** $\frac{1}{2}\,l$ **e)** 950 ml

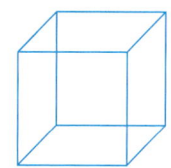

Gewichte

① Schreibe auf drei Arten.

a) 5 648 kg   b) 16 455 kg   c) 5 000 kg   d) 5 050 kg

    9 753 kg   43 168 kg   5 005 kg   550 kg

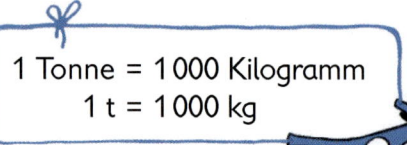

1 Tonne = 1 000 Kilogramm
1 t = 1 000 kg

② Notiere in Kilogramm.

a) $7\frac{1}{2}$ t   b) 2,750 t   c) 0,7 t   d) 1,5 t   e) 6,85 t   f) 0,8 t

   $2\frac{1}{4}$ t   5,168 t   0,75 t   2,75 t   0,465 t   0,08 t

   $1\frac{3}{4}$ t   12,500 t   0,007 t   3,005 t   7,4 t   0,008 t

a) 7 5 0 0 kg

③ Ein Elefant im Zoo benötigt im Monat etwa 3 000 kg Heu, 450 kg Möhren und 40 kg anderes Gemüse, 90 kg Hafer und Kleie, 120 Brote mit einem Gewicht von etwa 300 kg, 80 kg Obst, etwa 1 000 kg Stroh und 1 000 kg an jungen Zweigen und frischem Gras.
Er trinkt in dieser Zeit etwa 3 000 l Wasser.

a) Wie schwer ist das Wasser, das er in dieser Zeit trinkt?

b) Wandle alle Kilogrammangaben in Tonnen um.

c) Wie viele Kilogramm an Nahrung nimmt der Elefant in einem Monat zu sich?

SB ▶ 40/41   E ▶ 19   A ▶ 19

Halbschriftlich addieren und subtrahieren

① Rechne und notiere deine Rechenschritte.

| 3 | 4 | 9 | 9 | 9 | + | 1 | 3 | 6 | 5 | 9 | = |

| 4 | 6 | 0 | 0 | 5 | + | 1 | 5 | 4 | 9 | 9 | = |

| 3 | 4 | 9 | 2 | 3 | – | 3 | 4 | 9 | 1 | 9 | = |

| 7 | 6 | 5 | 7 | 5 | – | 1 | 0 | 2 | 0 | 0 | = |

② Notiere, wie du die Aufgaben löst.

Viele Aufgaben rechne ich im Kopf.

Marlene

a) 16 400 + 13 070 = _____

    39 999 + 24 100 = _____

229 800 + 1 200 = _____

456 199 + 40 400 = _____

b) 54 300 – 54 298 = _____

    80 000 – 29 998 = _____

755 500 – 25 500 = _____

393 400 – 393 398 = _____

③ Rechne geschickt.

a) 43 000 + 29 000 + 27 000 = _____

   28 000 + 39 000 + 32 000 = _____

   16 400 + 59 000 + 23 600 = _____

   25 400 + 16 600 + 45 900 = _____

b) 74 000 – 28 000 – 24 000 = _____

   93 000 – 23 000 – 44 000 = _____

   86 800 – 39 300 – 16 400 = _____

   82 700 – 19 600 – 42 700 = _____

④ Ergänze. Wähle eine geschickte Reihenfolge und nutze die Veränderungen.

a) 48 200 + _____ = 99 000

   48 260 + _____ = 99 000

   48 860 + _____ = 99 000

   48 560 + _____ = 99 000

b) 75 900 – _____ = 33 400

   75 800 – _____ = 33 400

   75 700 – _____ = 33 400

   75 600 – _____ = 33 400

Schriftlich addieren und subtrahieren

① Schreibe stellengerecht untereinander und rechne schriftlich.

a) 578 612 + 299 123
   142 959 + 106 876
   209 080 + 95 009

b) 753 022 − 621 192
   832 412 − 309 215
   412 328 − 25 647

② Berechne die fehlenden Ziffern und Zahlen. Achte auf die Überträge.

a)
+	1	2	3	5	2
	5	4	8	6	9

b)
+		6	7	5	3	2
	2	5	8	4	1	4

c)
	7	3	6	6	3
+					
	9	5	8	1	6

d)
	5	7	3	8	9	2
+						
	8	4	5	5	1	1

e)
	1		4	5
+		6	4	
	6	8	7	6	8

f)
	6		1		3
+	2	5		5		9
	9	0	6	3	4	9

g)
		4		5
+			8	
	7	2	9	7

h)
			1	7	3
+	6				
	9		2	2	6

i)
	9	7	5	3	1
−					
	3	3	4	1	1

j)
	9	8	3	2	7	3
−						
	1	2	3	8	0	8

k)
−		4	4	3	2	1
	5	4	3	4	5

l)
−	5	4	6	6	0	9
	3	7	1	6	0	2

m)
	3		5		1
−		1		0	
	2	5	3	0	0

n)
			0	0	0
−	1	9	8		
	2	9	8	3	9	0

o)
	6		8		
−			2		
	5	0	4	5	3

p)
	5		6	9		7
−		8				
	2	6		7	2	4

③ Zahlenrätsel

> Zu der Summe aus 23 854 und 6 954 addiere ich 640 000.   Jan

> Ich subtrahiere von 927 362 die Zahlen 25 607 und 36 441.   Lea

> Zur Differenz aus 852 258 und 36 591 addiere ich 89 988.   Mona

Schriftlich addieren und subtrahieren üben

① Rechne schriftlich. Ergänze Zahlen im passenden Muster.

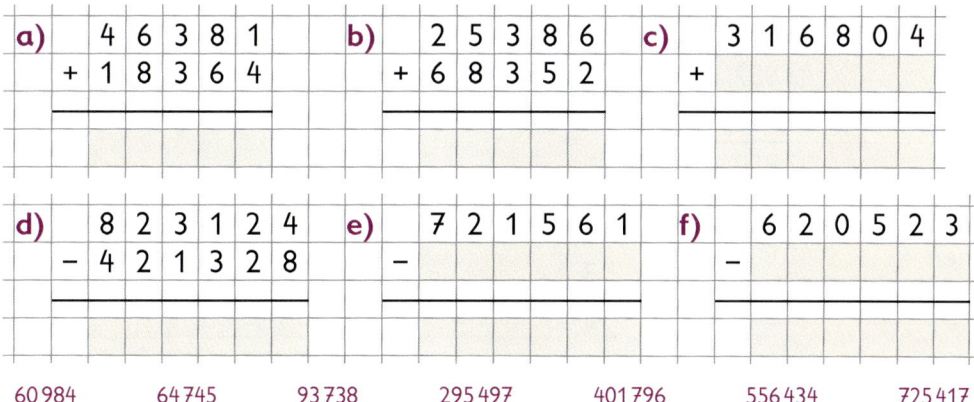

a)		4	6	3	8	1
	+	1	8	3	6	4

b)		2	5	3	8	6
	+	6	8	3	5	2

c)	3	1	6	8	0	4
+						

d)		8	2	3	1	2	4
	−	4	2	1	3	2	8

e)	7	2	1	5	6	1
−						

f)	6	2	0	5	2	3
−						

Verwende die Ziffern der ersten Zahl.

60 984   64 745   93 738   295 497   401 796   556 434   725 417

---

② Löse zuerst die Aufgaben, die du im Kopf rechnen kannst. Berechne die restlichen schriftlich.

86 999 + 3 001 =

36 499 + 3 501 =

25 003 − 4 002 =

54 836 − 1 999 =

25 003 − 4 002 =

62 368 + 16 397 =

83 018 − 67 234 =

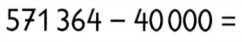

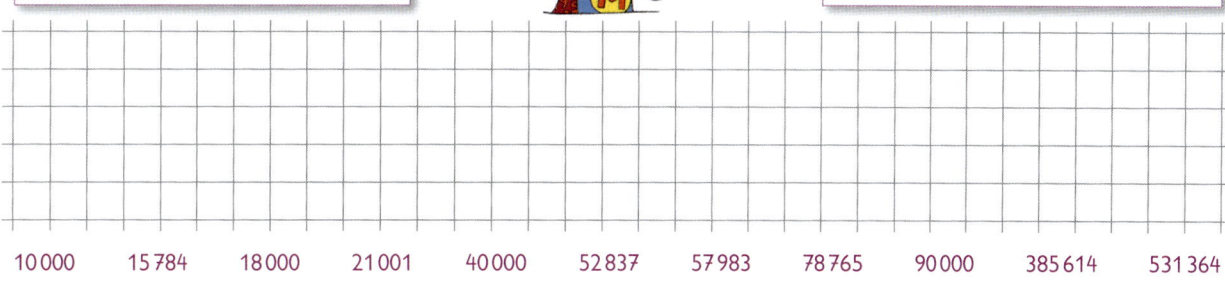

72 863 − 62 863 =

571 364 − 40 000 =

96 307 − 38 324 =

302 614 + 83 000 =

10 000   15 784   18 000   21 001   40 000   52 837   57 983   78 765   90 000   385 614   531 364

---

③ LILLI-Zahlen
  a) Rechne die beiden LILLI-Aufgaben.
  b) Finde eigene LILLI-Zahlen.
  c) Bilde eigene Aufgaben.
  d) Finde weitere Aufgaben mit gleichem Ergebnis.

	4	3	4	4	3
−	3	4	3	3	4

	7	5	7	7	5
−	5	7	5	5	7

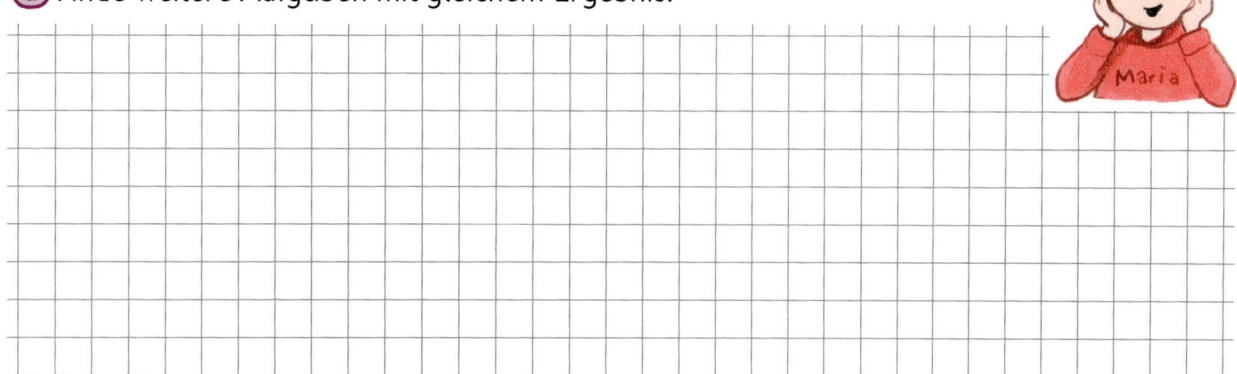

Meine LILLI-Zahlen sehen so aus: 53 553 29 229 64 664

Sachrechnen – Große Fußballstadien

① Durchschnittliche Zuschauerzahlen während der Bundesligasaison 2014/15.

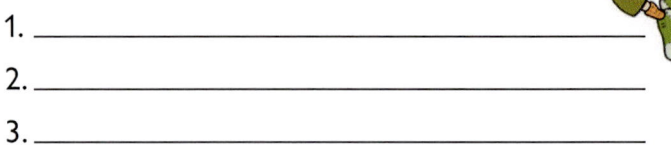

Verein	Zuschauer
Hannover 96	43 882
FC Bayern München	72 911
SC Freiburg	23 850
Borussia Dortmund	80 475
SV Werder Bremen	40 906
FC Schalke 04	61 517
VfB Stuttgart	50 756
Bor. Mönchengladbach	50 660
1. FSV Mainz 05	30 940
SC Paderborn 07	14 859
Hamburger SV	53 262
TSG 1899 Hoffenheim	27 164
VfL Wolfsburg	28 199
1. FC Köln	48 740
Hertha BSC	50 213
FC Augsburg	29 163
Eintracht Frankfurt	47 618
Bayer 04 Leverkusen	29 311

a) Welche vier Vereine hatten die höchsten Zuschauerzahlen?

1. _____

2. _____

3. _____

4. _____

b) Berechne die Differenz zwischen der größten und kleinsten Zuschauerzahl. Benenne die beiden Vereine.

_____

_____

c) Wie viele Besucher mehr hat ein Bundesligaspiel in München als in Köln?

_____

② Welcher Verein ist gemeint?

a) Nele staunt, dass ihr Heimatverein 29 719 weniger Zuschauer zu verzeichnen hatte als Borussia Dortmund.

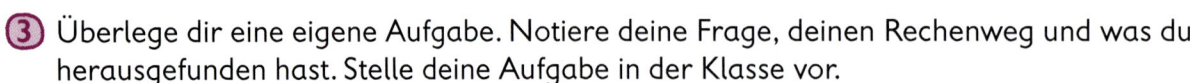

b) Marco freut sich, dass sein Verein von 12 777 mehr Fans unterstützt wurde als der 1. FC Köln.

_____

③ Überlege dir eine eigene Aufgabe. Notiere deine Frage, deinen Rechenweg und was du herausgefunden hast. Stelle deine Aufgabe in der Klasse vor.

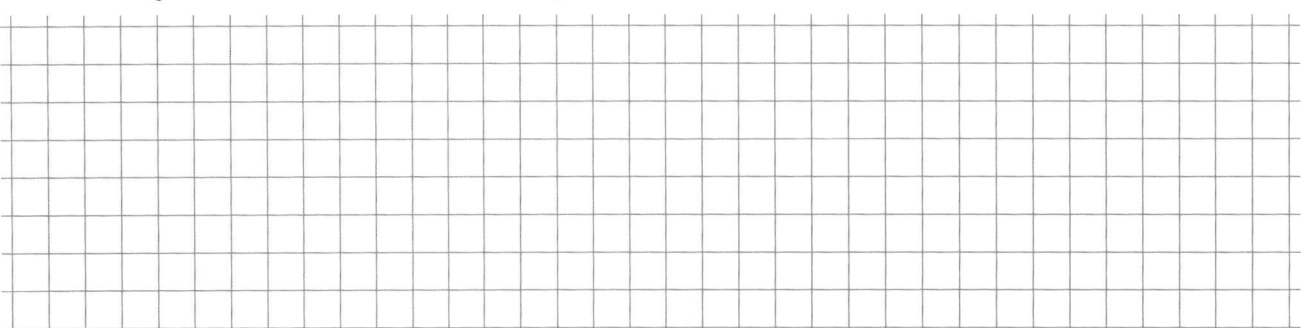

SB ▶ 50/51   E ▶ 23   A ▶ 23

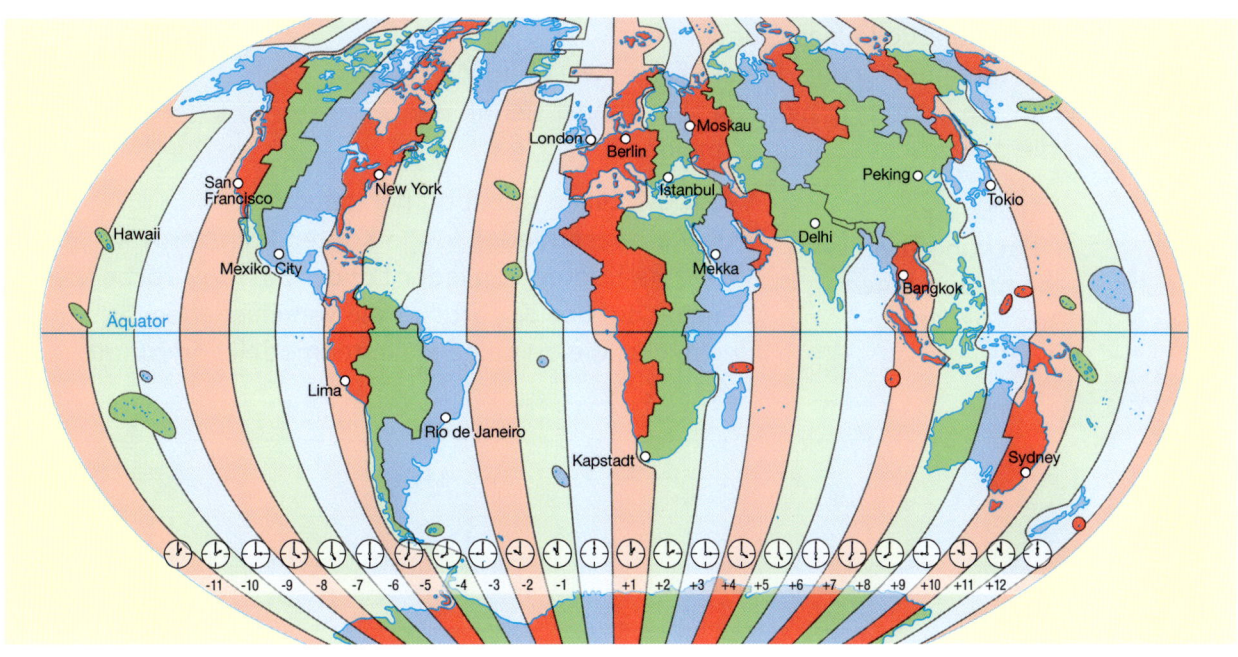

① Ergänze die fehlenden Angaben in der Tabelle.

Die Karte hilft mir.

Ortszeit	Zeitverschiebung	Ortszeit
Berlin 8:00 Uhr	– 11 h	Hawaii
Sydney 20:36 Uhr		Moskau
New York		San Francisco 11:00 Uhr
Mekka		Berlin 19:00 Uhr
Mexico City 7:49 Uhr		Rio de Janeiro
New York		Bangkok 9:15 Uhr
Kapstadt 22:52 Uhr		Tokio

② Ergänze die fehlenden Zeiten in der Tabelle.

Zunächst in eine Ortszeit umrechnen hilft.

Abflugzeit	Flugzeit	Ankunftszeit
London 21:08 Uhr	13 h 33 min	Hawaii
New York 17:35 Uhr	13 h 22 min	Tokio
Berlin	2 h 25 min	Moskau 15:00 Uhr
Sydney	17 h 45 min	Kapstadt 7:35 Uhr
Mexico City 9:13 Uhr		Lima 16:58 Uhr
New York 20:05 Uhr		Mekka 15:47 Uhr

Modelle und Netze von geometrischen Körpern

① Stelle das Kantenmodell eines Quaders her.
Stelle durch Falten und Schneiden die Ecken wie beim Würfel her.
Verwende für die Kanten Trinkhalme. Du kannst sie mit der Schere
leicht auf die gewünschte Länge schneiden.

So eine Packung kann beim Überlegen helfen.

Wie viele Ecken musst du herstellen?
Wie viele verschieden lange Kanten kommen vor?
Wie viele Kanten von jeder Länge musst du vorbereiten?
Zeichne auf das Karoraster die verschiedenen
Rechtecke, die an deinem Kantenmodell vorkommen.

---

② Ergänze die Quadratfünflinge zu Würfelnetzen.
Färbe sie in Rot, Blau und Gelb ein, gegenüberliegende Flächen in derselben Farbe.

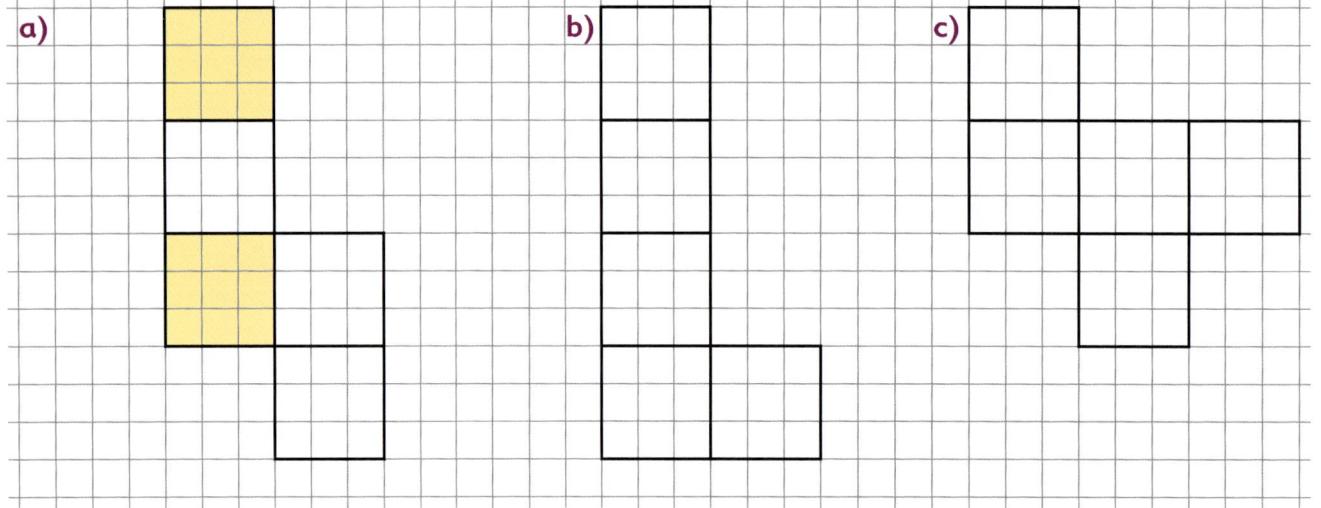

a)   b)   c)

---

③ An diesem Würfel hat jede Ecke eine andere Farbe. Daher hat jede Seitenfläche genau
vier Farben. Vergleiche den Würfel und sein Netz.

a) Male auf, wie der Würfel von links, von hinten und von unten aussieht.

b) Vervollständige auch die Farben im Netz.

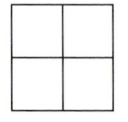

links   hinten   unten

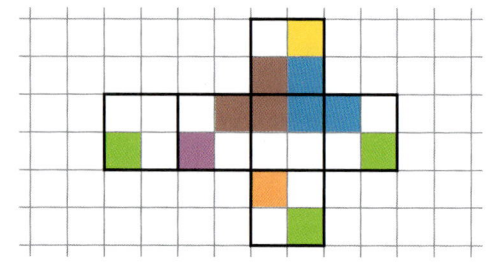

26

1 a) Zeichne das Schrägbild eines Würfels mit der Kantenlänge 2 cm.

b) Zeichne das Schrägbild eines Quaders. Er soll dieselbe Grundfläche haben wie der Würfel, aber doppelt so hoch sein.

c) Zeichne denselben Quader noch einmal liegend, so dass man auf die quadratische Grundfläche schaut.

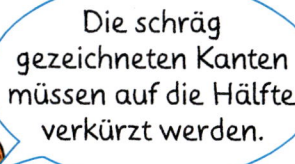

Die schräg gezeichneten Kanten müssen auf die Hälfte verkürzt werden.

2 a) Zeichne auf das Punkteraster den kleinen und den großen Würfel ab.

b) Aus wie vielen kleinen Würfeln besteht der große Würfel? _____

Wie viele kleine Würfel gehören zum Quader? _____

c) Zeichne einen Quader aus 2 großen Würfeln und einen Quader aus 8 kleinen Würfeln.

3 Verbinde die Punkte zum Sechseck. Zeichne auf dieselbe Weise:

	Dreieck	Zwölfeck	Quadrat

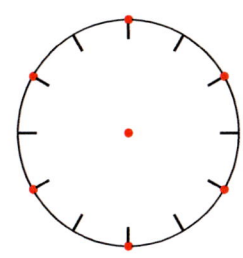 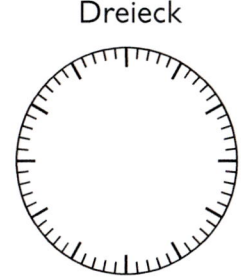 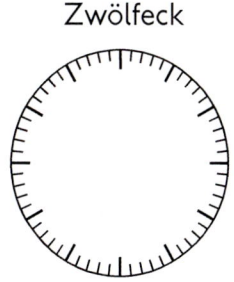 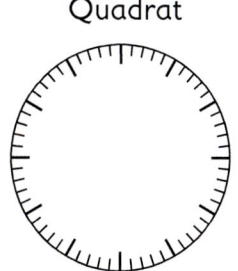

Geometrie und Kunst

① Umfahre jeden 3 · 3 · 3-Würfel mit einem roten Buntstift.
Male sichtbare obere Würfelseiten in Grün, Unterseiten in Blau an.

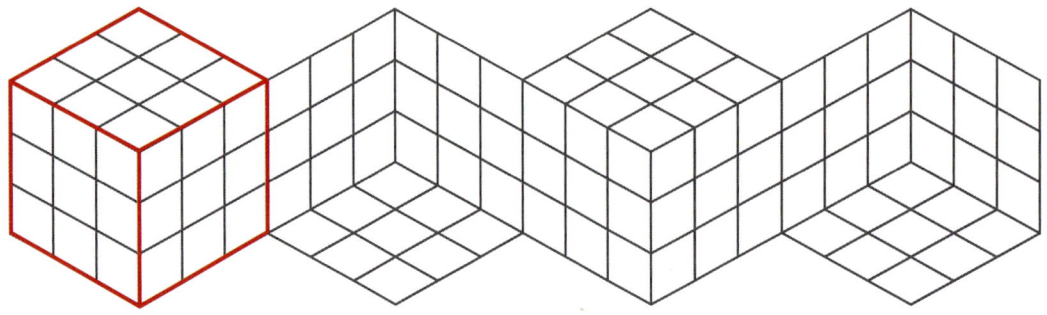

② Vergleiche die Figuren. Achte auf Würfel, die mehrfach vorkommen.
Male die Figuren an. Benutze höchstens drei Farben.

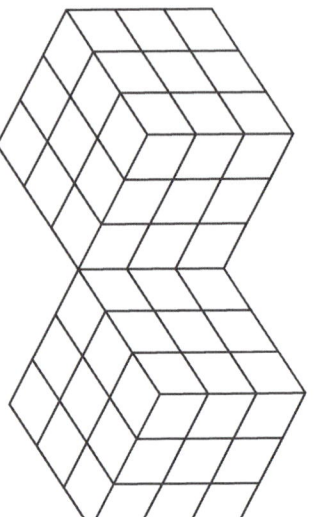
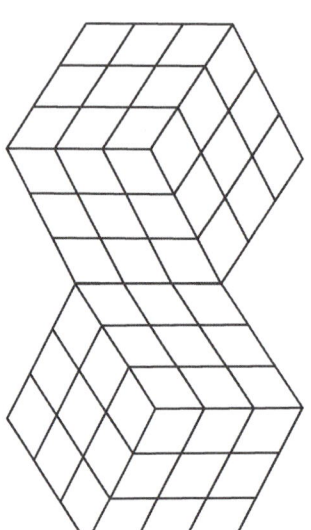
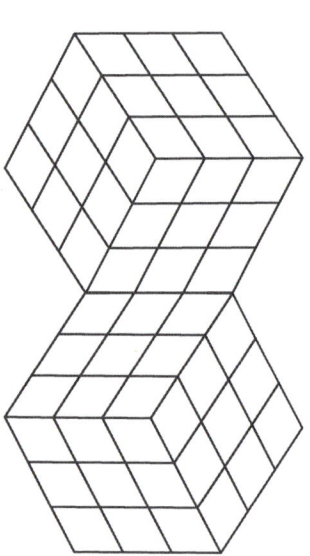

③ Entscheide durch das Anmalen, ob die Figur stärker als Fläche oder als Körper erscheint.

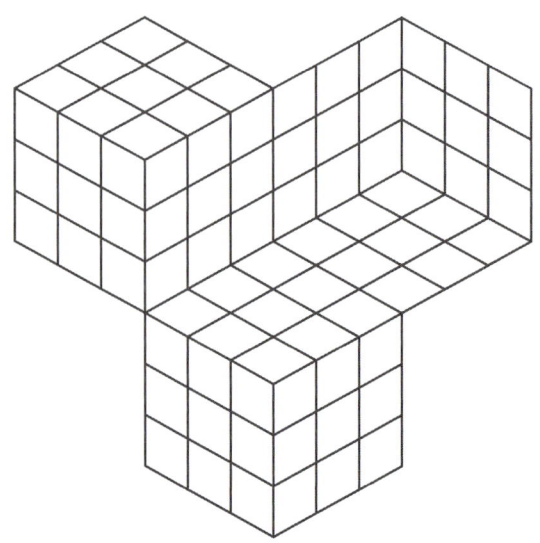

28

SB ▶ 58/59   E ▶ 27   A ▶ 27

Stufenzahlen multiplizieren / Halbschriftlich multiplizieren

① Rechne. Entscheide, mit welcher Aufgabe du beginnst.

a)
3 · 4 = _____
3 · 40 = _____
3 · 400 = _____
3 · 4000 = _____
3 · 40000 = _____

b)
4 · 60 = _____
4 · 6 = _____
4 · 60000 = _____
4 · 600 = _____
4 · 6000 = _____

c)
7 · 7000 = _____
7 · 70 = _____
7 · 700 = _____
7 · 7 = _____
7 · 70000 = _____

② **a)**

·	200	90	6000
40			
70			
30			

b)

·	80	500	
50			
60			42000
	6400		

③ Notiere deinen Rechenweg.

a)
5 · 208 = _____
7 · 499 = _____
2 · 630 = _____

b)
3 · 4100 = _____
9 · 2500 = _____
4 · 5999 = _____

c)
6 · 12000 = _____
8 · 99999 = _____
4 · 25500 = _____

Ich rechne mal so, mal so.

1040   1260   3493   12300   22500   23100   23996   72000   102000   799992

④

Multipliziere 3200 mit 5. Addiere dann 4000.   Lea

Subtrahiere das Produkt aus 5 und 920 von dem Produkt aus 6 und 4000.   Ali

Welche Zahl erhältst du, wenn du zu dem Produkt aus 9 und 2001 die Summe aus 800 und 191 addierst?   Nele

Schriftlich multiplizieren

① Überschlage zuerst. Multipliziere dann schriftlich.

a) Ü: 4 · 6 0 0 0 =

6 3 2 6 · 4

b) Ü: 2 · 5 0 0 0 =

4 9 1 3 · 2

c) Ü:

7 8 5 2 · 3

d) Ü:

9 1 7 4 · 8

e) Ü:

3 0 8 5 · 9

f) Ü:

8 5 0 9 · 6

② Überschlage zuerst. Multipliziere dann schriftlich.

a) Ü:

4 3 2 · 5 9

b) Ü:

8 2 4 6 · 2 5

c) Ü:

2 7 1 · 6 4

d) Ü:

9 3 8 9 · 7 6

③ Rechne schriftlich. Vertausche die Faktoren, wenn du dann einfacher oder schneller rechnen kannst.

a) 78 · 452   b) 917 · 58   c) 54 · 8312   d) 7852 · 96

SB ▶ 64/65   E ▶ 30   A ▶ 30

① Überschlage zuerst. Multipliziere dann schriftlich.

a) Ü: \
2 1 4 · 3 9 5

b) Ü: \
9 1 7 · 8 2 6

c) Ü: \
6 5 8 · 2 4 4

d) Ü: \
5 8 5 · 9 6 1

e) Ü: \
4 5 3 · 6 5 7

f) Ü: \
7 3 2 · 7 6 4

84 530   160 552   297 621   301 448   559 248   562 185   757 442

---

② Multipliziere schriftlich. Achte auf die Nullen.

a) 3 0 6 · 7 0 2

b) 6 5 0 · 3 0 9

c) 8 0 4 · 6 8 0

200 850   214 812   428 720   546 720

---

③ a) Finde die Fehler in den Aufgaben und markiere sie farbig.
Verbinde jede Aufgabe mit dem passenden Zettel.

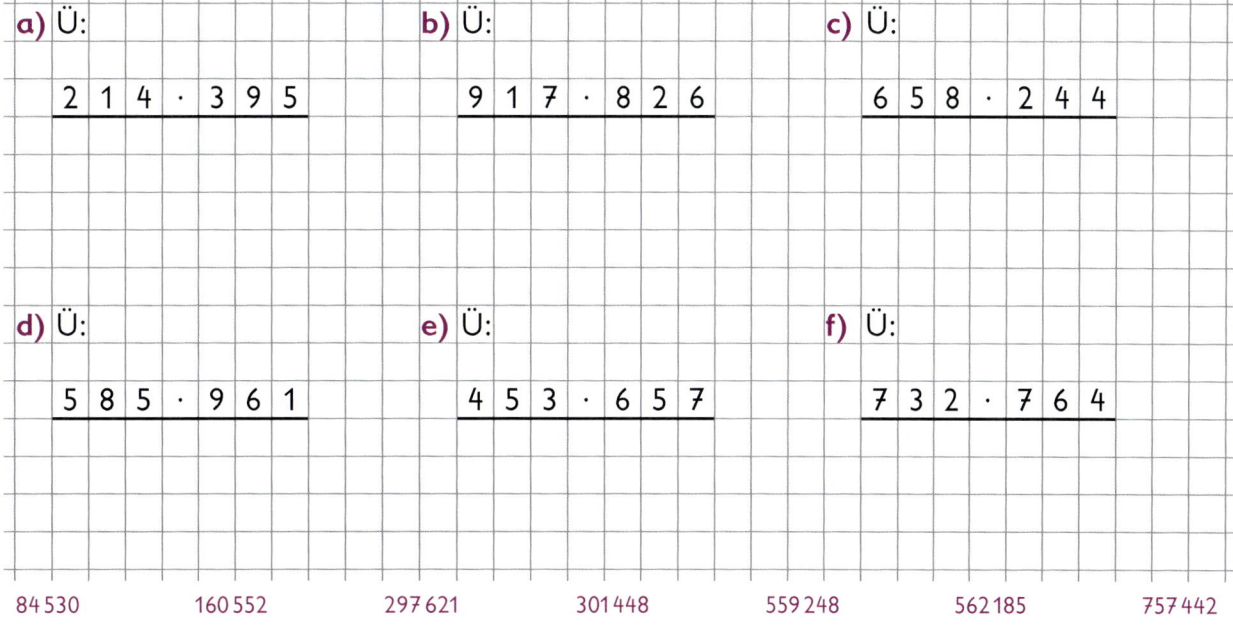

A	8 0 9 4 · 1 7
	8 0 9 4
	5 5 6 5 7
	1 3 6 5 9 7

B	7 0 2 8 · 3 4
	2 1 8 4
	2 8 1 1 2
	4 9 9 5 2

C	9 6 5 2 · 4 6
	3 8 6 0 8
	5 4 9 1 2
	4 4 0 9 9 2

D	6 7 4 3 · 8 9
	5 3 9 4 4
	6 0 6 8 7
	6 0 0 2 2 7

Merkzahl vergessen

Einmaleinsfehler

Null nicht multipliziert

Fehler beim Addieren

b) Rechne die Aufgaben richtig.

Multiplizieren von Kommazahlen

① Max hat einen Einkaufszettel für seine Geburtstagsfeier geschrieben.
Vor dem Einkauf möchte er wissen, wie viel Geld er benötigt.

3 Packungen Kekse
6 Flaschen Apfelsaft
2 Kästen Mineralwasser
12 Pizzen
12 Müsliriegel

0,55 €
1,15 €
3,49 €
5,95 €
0,99 €

a) Berechne die Preise für die angegebenen Mengen, die Max kaufen möchte.

Kekse:

Pizzen:

Apfelsaft:

Müsliriegel:

Mineralwasser:

b) Was kostet der Einkauf insgesamt? _____

② Berechne auch
die Kosten für:

2 Packungen Kekse
5 Flaschen Apfelsaft
3 Kästen Mineralwasser
24 Pizzen
24 Müsliriegel

③ Rechne schriftlich. Notiere einen Überschlag.

a) Ü:

1 5, 3 6 € · 4

b) Ü:

1 4 9, 5 8 € · 6

c) Ü:

5 8 0, 9 9 € · 3

d) Ü:

6 3, 1 0 € · 1 2

e) Ü:

2 1 5, 2 9 € · 1 2

f) Ü:

6 9 5, 0 5 € · 2 3

SB▸68/69 E▸32 A▸32

① Notiere alle Ungleichungen, die wahr sind.

a) 810 · _____ < 3 500   b) 1 200 · _____ < 3 500   c) 6 500 · _____ < 27 000

② Setze < oder > ein, so dass wahre Aussagen entstehen.

a) 510 · 2 ◯ 2 100
   510 · 3 ◯ 2 100
   510 · 4 ◯ 2 100

b) 360 · 5 ◯ 2 500
   360 · 9 ◯ 2 500
   360 · 6 ◯ 2 500

c) 1 500 · 8 ◯ 9 850
   1 500 · 5 ◯ 9 850
   1 500 · 7 ◯ 9 850

d) 70 · 30 ◯ 1 900
   50 · 30 ◯ 1 900
   65 · 30 ◯ 1 900

e) 550 · 30 ◯ 22 500
   810 · 30 ◯ 22 500
   620 · 30 ◯ 22 500

f) 4 900 · 60 ◯ 450 000
   6 800 · 60 ◯ 450 000
   8 300 · 60 ◯ 450 000

③ a) Welche Aussagen sind wahr (w) und welche sind falsch (f)?
     Kennzeichne alle Aussagen mit w oder f.

Der Überschlag hilft!

598 · 5 > 2 500		811 · 3 < 2 000			
1 256 · 8 < 9 800		9 998 · 7 > 60 000		1 909 · 599 < 1 000 000	
320 · 60 > 18 000		700 · 59 < 40 000		5 010 · 39 < 250 000	
298 · 101 > 45 000		22 000 · 9 < 250 000		49 · 1 300 > 70 000	
80 · 200 > 2 000		199 · 500 < 90 000		20 · 6 001 < 120 000	
9 · 55 000 > 500 000		60 · 980 < 60 000		3 · 198 000 > 600 000	

ⓑ Verändere bei allen falschen Aussagen eine Zahl so, dass die Aussage wahr wird.
   Notiere deine Lösungen.

Sachrechnen – Tierrekorde

① Der Grönlandwal ist etwa 18 m lang und 100 t schwer. Grönlandwale verbringen ihr ganzes Leben in den kalten Gewässern des Nordpolarmeeres. Sie leben dort, wo immer Eis auf der Oberfläche schwimmt.
Sie ernähren sich von Wasserpflanzen und kleinen Krebsen. Jeden Tag muss ein Wal etwa 1 800 kg Nahrung aufnehmen.
Auch wenn diese Wale immer in der Arktis leben, ziehen

sie doch im Herbst weiter nach Süden, dorthin, wo nicht alles Wasser zu Eis gefriert. Grönlandwale sind langsame Schwimmer, deren Wandergeschwindigkeit bei etwa 4 km/h liegt. Ein Grönlandwal bleibt normalerweise etwa zwei Minuten an der Oberfläche, atmet 4-mal ein und aus und taucht anschließend fünf bis zehn Minuten. Er kann sogar bis zu einer halben Stunde unter Wasser bleiben.
Grönlandwale können bis zu 200 Jahre alt werden.

a) Wie viel Nahrung nimmt ein Wal im Jahr auf?

b) Wie weit bewegt sich ein Grönlandwal am Tag (24 h) vorwärts?

c) Spätestens alle 10 Minuten taucht der Wal zum Atmen auf. Wie oft muss er in einer Stunde mindestens auftauchen? Wie viele Male atmet er in dieser Zeit ein und aus?

d) Forscher haben herausgefunden, dass ein Wal im Jahr bis zu 6 000 km auf seinen Wanderungen zurücklegt. Wie viele Kilometer hat ein 88-jähriger Grönlandwal in seinem Leben schon auf den Wanderungen verbracht?

① In deiner Schultasche sind viele Hefte und
Bücher.

a) Sortiere die Hefte aus deiner Schultasche
nach der Größe und berechne ihr Gesamt-
gewicht.

b) Berechne auch das ungefähre
Gewicht deiner Schulbücher und
Arbeitshefte.

c) Nimm einen gefüllten Schnellhefter
und berechne sein Gewicht.

1 Heft DIN A4 mit 16 Seiten wiegt 102 g.
1 Heft DIN A4 mit 32 Seiten wiegt 206 g.
1 Heft DIN A5 mit 16 Seiten wiegt 52 g.
1 Block DIN A4 mit 50 Blatt wiegt 256 g.
1 Schnellhefter wiegt leer 86 g.
1 Kopie in DIN A4 wiegt 5 g.

Das Schulbuch wiegt 574 g.
Das Arbeitsheft wiegt 225 g.

Durchschnittsgewichte
1 Schulbuch wiegt 650 g.
1 Arbeitsheft wiegt 185 g.

② Bei der Rückgabe der Mathematikarbeiten stöhnt die Lehrerin: „Heute war meine
Schultasche wieder sehr schwer. Eure 25 großen Hefte wiegen eine Menge."

③ Maria und Nele haben in dieser Woche Austeildienst. Am Dienstag müssen sie
die 25 Mathematikbücher auf die Tische verteilen.

a) Wie viele Kilogramm müssen sie dazu tragen?
b) Wie viel weniger wiegen die Arbeitshefte zusammen?

Gewichte und Volumina

① Wie viel wiegen diese Wassermengen?

a) 4 l = _____

    10 l = _____

    6 l = _____

b) $\frac{1}{4}$ l = _____

    $1\frac{1}{2}$ l = _____

    $\frac{3}{4}$ l = _____

c) 300 ml = _____

    250 ml = _____

    100 ml = _____

d) 0,75 l = _____

    2,55 l = _____

    4,35 l = _____

② Herr Schwarz ergänzt die Mineralwasservorräte. Er kauft zwei Kästen Mineralwasser. Jeder enthält 12 Glasflaschen mit je 0,7 l Wasser. Seine Frau bevorzugt stilles Wasser. Es ist in Kunststoffflaschen mit 1,5 l Inhalt abgefüllt. Herr Schwarz kauft 12 Flaschen stilles Wasser.

a) Wie viele Liter kauft Herr Schwarz?

_____

b) Wie viel wiegt sein Einkauf?

_____

> 1 Glasflasche wiegt leer 572 g.
> 1 Kunststoffflasche wiegt leer 40 g.
> Ein leerer Pfandkasten wiegt 1,314 kg.

③ Die vierten Schuljahre haben Schwimmunterricht im städtischen Hallenbad.
Das Lehrschwimmbecken ist 16,66 m lang und 10 m breit. Die durchschnittliche Wassertiefe beträgt 1,10 m.
Das Schwimmerbecken ist 52 m lang und 21 m breit. Die durchschnittliche Wassertiefe beträgt 2,75 m.

Nach einer Reparatur werden beide Becken neu gefüllt. Berechne die Wassermengen, die jeweils benötigt werden.

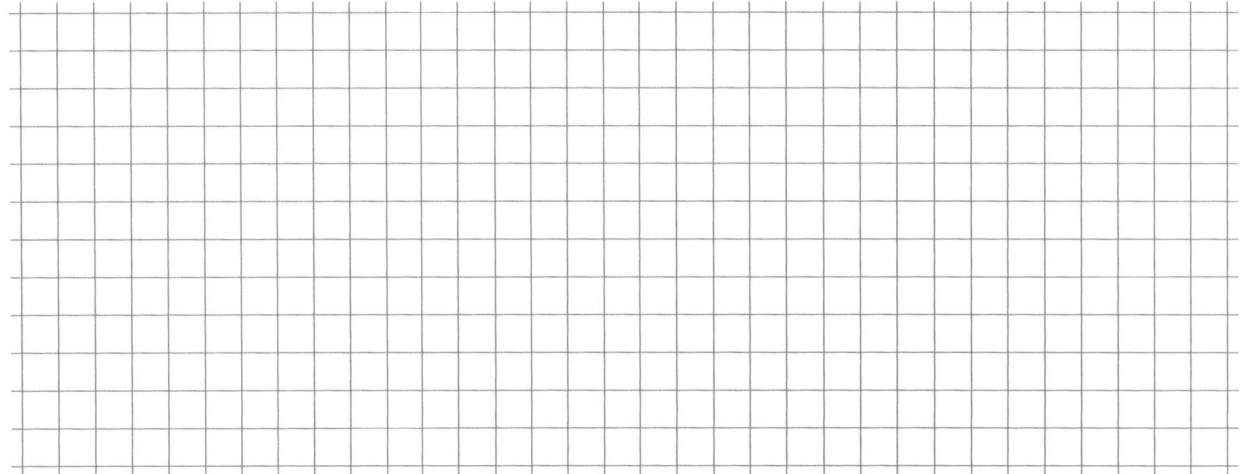

Daten sammeln und darstellen

① Freizeit

In ihrer Freizeit tauschen die Kinder auf der Klassenfahrt gerne Sticker.
Mio, Ali, Jonas, Lena und Naomi haben zusammen 60 Sticker. Jonas hat halb so viele wie
Naomi. Lena hat einen Sticker weniger als Jonas. Ali hat doppelt so viele Sticker wie Lena.
Naomi hat 16 Sticker. Wie viele Sticker besitzt jedes Kind?

Kinder	Mio	Ali	Jonas	Lena	Naomi
Sticker					16

② Im Wald

Am Donnerstag steht Waldarbeit mit dem Förster auf dem Programm.
Jans Gruppe soll junge Fichten anpflanzen.
Die Stecklinge werden in einem Abstand von 2 m
nebeneinandergesetzt.
Der Abstand zwischen den Reihen beträgt 2,50 m.
Das Feld, in das die Stecklinge gesetzt werden, ist etwa 20 m breit und 15 m lang.

a) Wie viele Stecklinge müssen die Kinder einsetzen?

b) Die Gruppe, in der Lea ist, pflanzt junge Buchen an. Hier müssen die Setzlinge
nur 1 m auseinanderstehen und der Abstand zwischen den Reihen beträgt 1,50 m.
Wie viele Pflanzlöcher muss diese Gruppe auf einem ebenso großen Feld graben?

③ Denknüsse am Abend

Max erzählt: „Mein Opa hält im Garten Tauben und Kaninchen. Seine Tiere haben zusammen
70 Beine und 20 Köpfe." Wie viele Tauben und wie viele Kaninchen besitzt der Opa?

Häufigkeiten und Wahrscheinlichkeiten

① **Chance** – ein Spiel für 2 bis 4 Spieler

Spielregel: Ihr benötigt 4 Spielwürfel,
einen Würfelbecher und für jeden Spieler die Tabelle zum Aufschreiben
der Punktzahlen.

– Der jüngste Spieler beginnt. Er würfelt mit vier Würfeln und entscheidet,
zu welcher Zeile seine Würfelergebnisse passen. Dort trägt er die Summe
der gewürfelten Zahlen ein.

– Nun ist der nächste Spieler
an der Reihe.

– Bei jedem Wurf muss eine
Zeile ausgefüllt werden.
Passt das Ergebnis an
keine Stelle, muss der
Spieler eine Null in einer
beliebigen Zeile eintragen.

– Nach elf Durchgängen ist
das Spiel beendet.

– Jeder Spieler addiert die
erzielten Punkte.

– Gewonnen hat der Spieler,
der die höchste Punktzahl
erreicht hat.

Bilde die Summe der Augenzahlen nach diesen Regeln		Name:			
		Punkte	Punkte	Punkte	Punkte
nur die Einsen zählen	Einser ⚀				
nur die Zweien zählen	Zweier ⚁				
nur die Dreien zählen	Dreier ⚂				
nur die Vieren zählen	Vierer ⚃				
nur die Fünfen zählen	Fünfer ⚄				
nur die Sechsen zählen	Sechser ⚅				
drei Würfel zeigen die gleiche Augenzahl	Dreierpasch				
alle vier Würfel zeigen die gleiche Augenzahl	Viererpasch				
zwei verschiedene Augenzahlen kommen doppelt vor	Doppelpasch				
die Würfel zeigen vier aufeinanderfolgende Zahlen	Straße				
ein beliebiger Wurf	Chance				
	Summe				

a) Spielt das Spiel mehrmals.

b) Welche Regeln können leicht erfüllt werden, welche besonders schwer?

_____

_____

c) Welche Zeilen wählst du aus, wenn du eine 0 eintragen musst?

_____

d Berechne die höchste mögliche Punktzahl, die bei diesem Spiel erreicht werden kann.

SB▶80/81 E▶37 A▶37

1 Die Regenbogen-Schule hat beschlossen, ein eigenes T-Shirt anfertigen zu lassen.
Die Kinder können abstimmen, wie das T-Shirt aussehen soll.

Drei Farben stehen zur Auswahl: **r**ot, **b**lau und **g**rau.
Zwei Ärmellängen sind möglich: **l**ang oder **k**urz.
Der Schulname kann auf der **V**orderseite oder der
Rückseite aufgedruckt werden.

a) Vervollständige das Baumdiagramm.

b) Zwischen wie vielen verschiedenen
Möglichkeiten können die Kinder wählen? _____

c) Kannst du die Anzahl auch berechnen? Notiere eine passende Aufgabe.

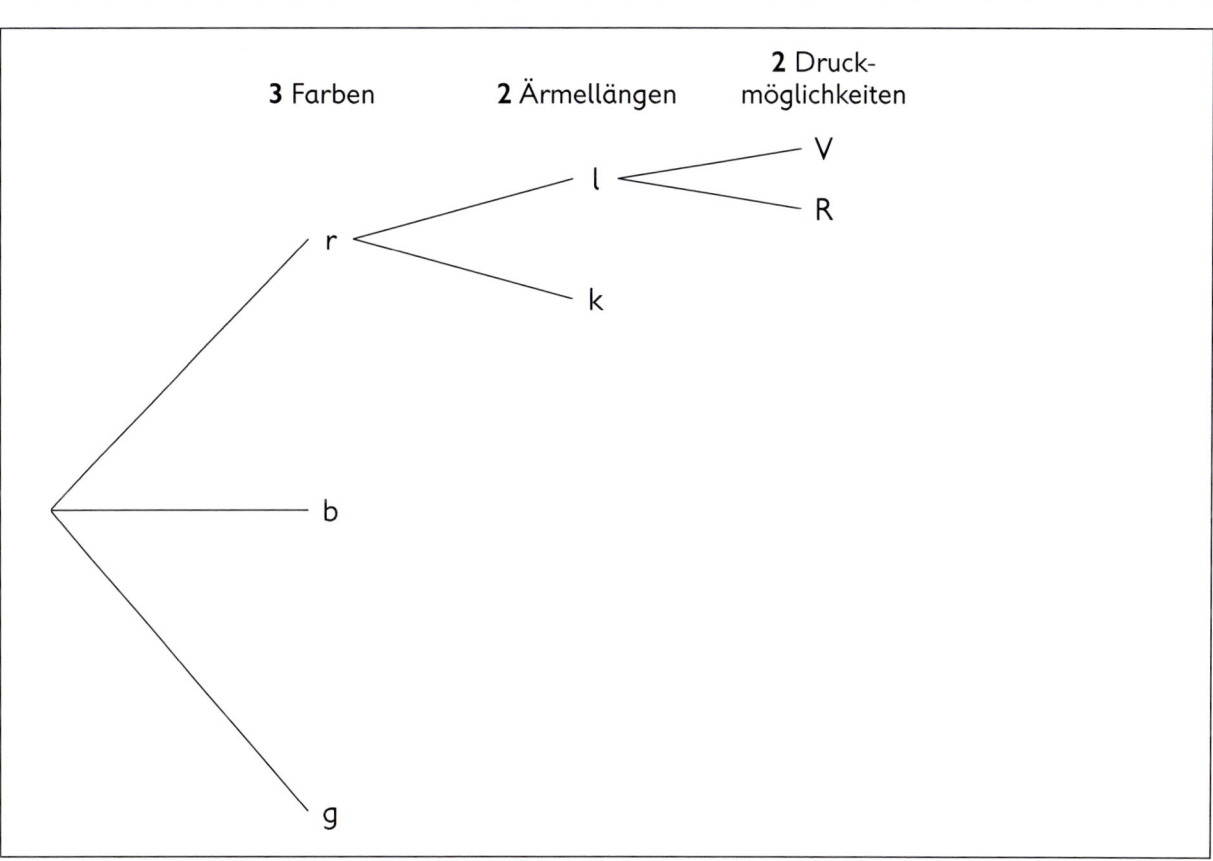

2 Die Firma bietet an, das T-Shirt auch noch mit oder ohne Kapuze herzustellen.
Wie viele Möglichkeiten gibt es dann? Zeichne oder rechne.

Rechter Winkel / Parallelen

① Prüfe mit dem Geodreieck, wo rechte Winkel vorkommen.

Trae das Zeichen ⌐• ein.

a)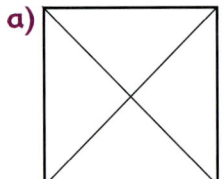

b)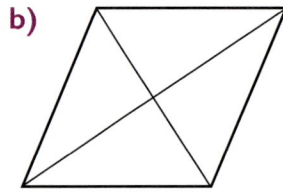

c)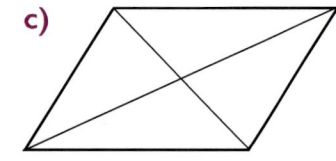

d)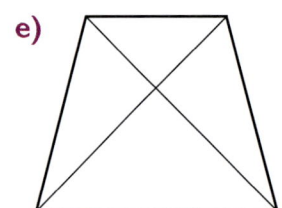

e)

f)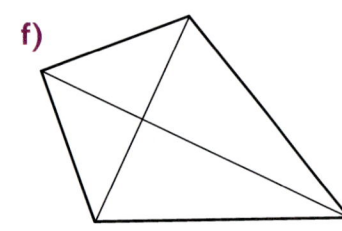

② Finde mit Hilfe des Geodreiecks die Parallelen zur roten, zur grünen und zur blauen Geraden und färbe sie in der entsprechenden Farbe ein.

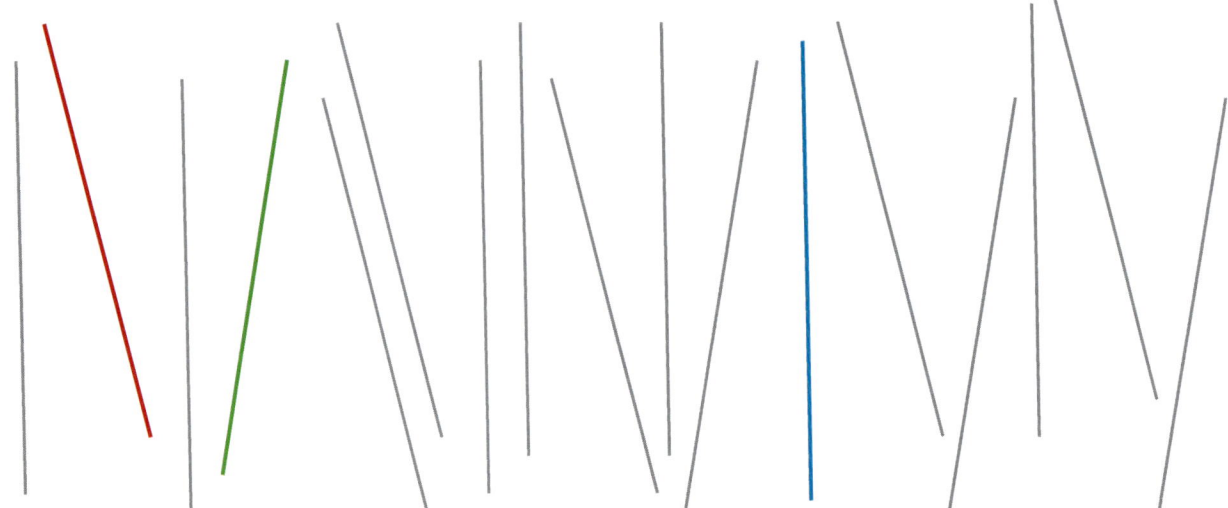

③ a) Zeichne zwei parallel verlaufende Geraden (a und b) im Abstand von 3,5 cm.

b) Zeichne zwei weitere parallel verlaufende Geraden (c und d), die a und b rechtwinklig schneiden. Der Abstand zwischen den Geraden c und d soll 6 cm betragen.

c) Benenne die Schnittpunkte mit Großbuchstaben. Was für eine Fläche ist entstanden?

_____

① Zeichne zu den Geraden a, b und c je zwei Parallelen.

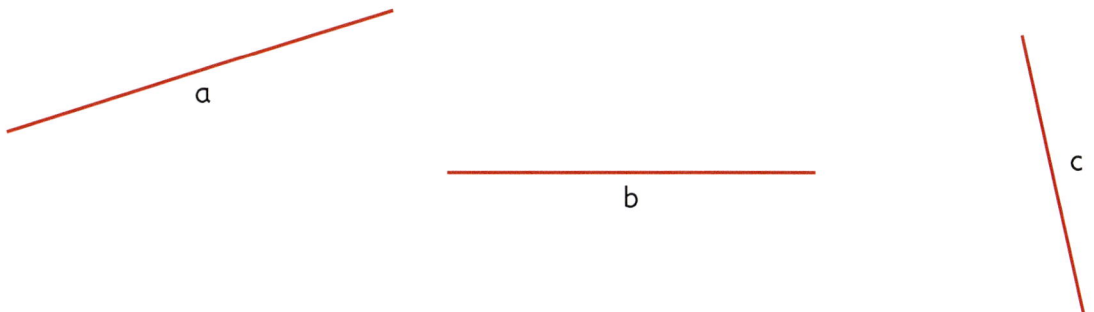

② Ergänze zu Quadraten und Rechtecken.
Benenne alle Seiten und Eckpunkte und kennzeichne rechte Winkel.

a) 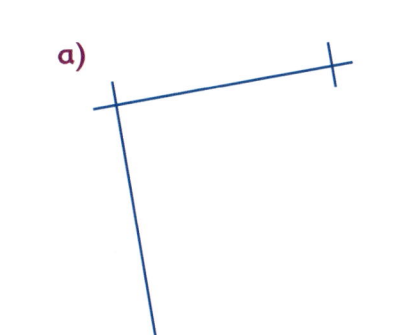 b)  c)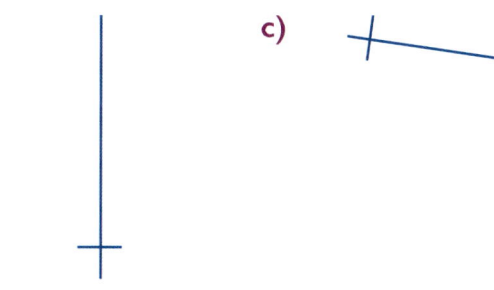

d) 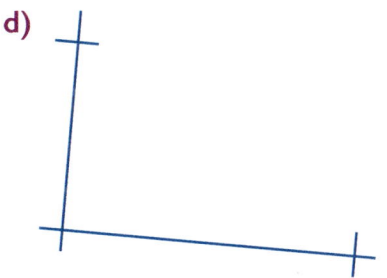 e)

③ Setze das Muster fort.

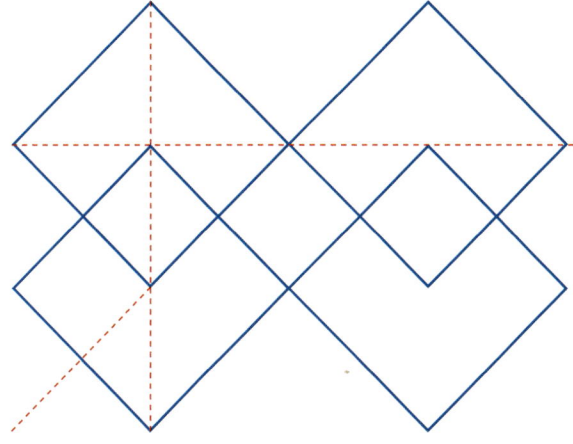

Parkettierungen

① Vervollständige die Parkettierung in beide Richtungen.

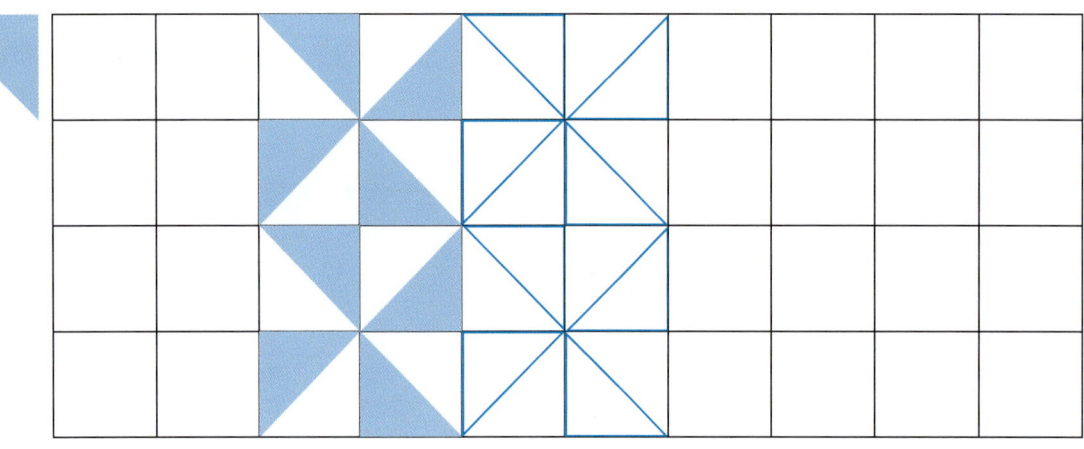

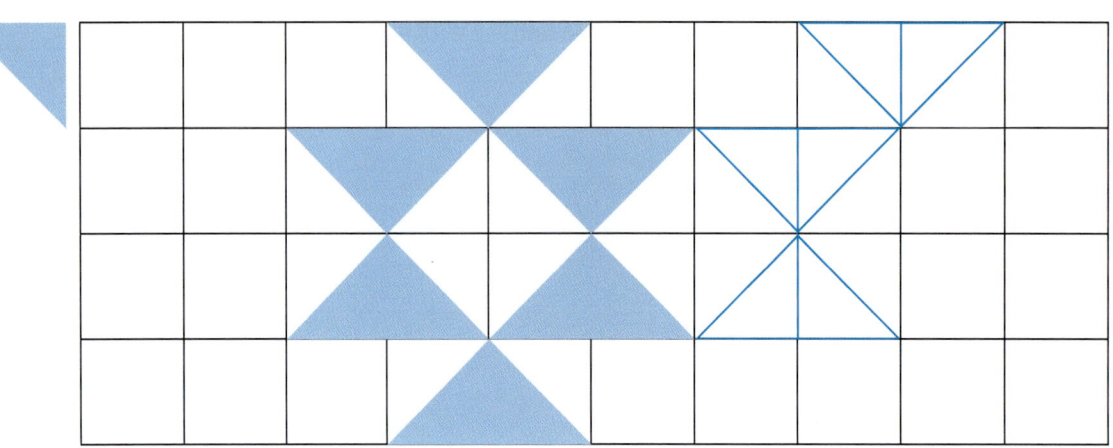

② Vervollständige die Parkettierung. Benutze eine Schablone, wenn du möchtest.

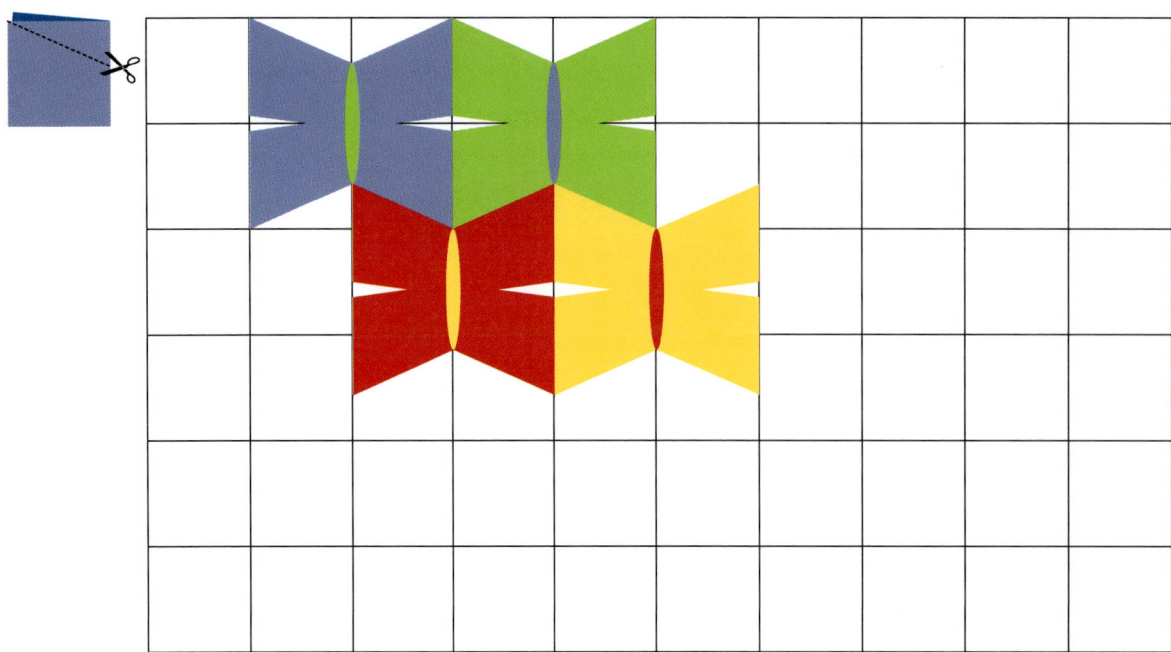

SB ▶ 88/89 E ▶ 41 A ▶ 41

① **a)** Zeichne um M Kreise mit den vorgegebenen Radien r_1 bis r_5.

b) Bestimme die Länge der Durchmesser.

$d_1 = $ _____

$d_2 = $ _____

$d_3 = $ _____

$d_4 = $ _____

$d_5 = $ _____

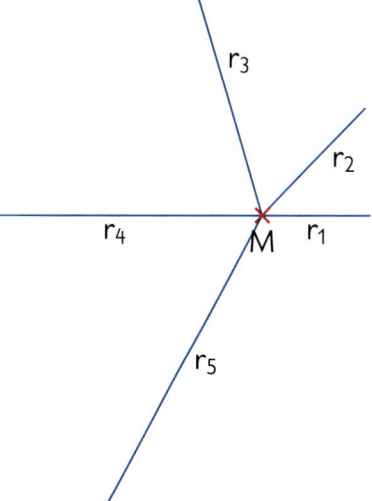

c) Zwischen welchen Kreislinien ist der Abstand gleich groß?

Abstand 0,5 cm _____

Abstand 1,0 cm _____

d) Welche Radien müssen die folgenden Kreise haben, wenn das Muster fortgesetzt werden soll?

$r_6 = $ _____ $r_7 = $ _____

② Markiere die Kreismittelpunkte und zeichne das Muster weiter.

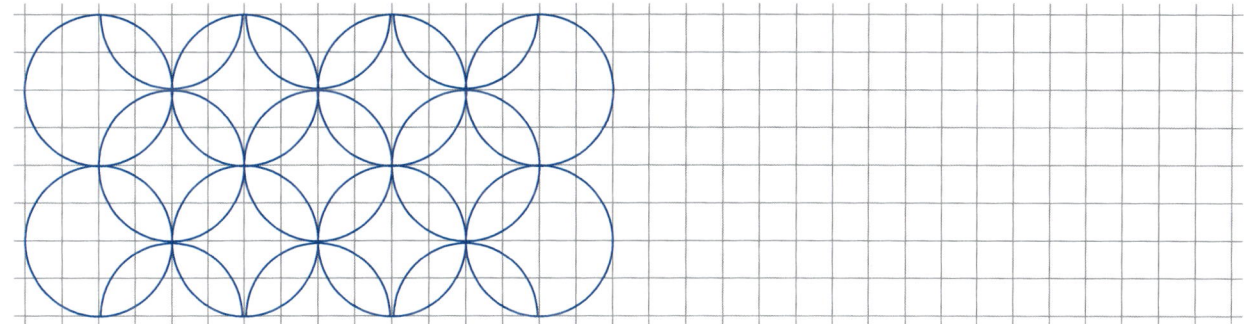

③ Aus wie vielen Kreisen bestehen die verschiedenen Kreismuster?
Markiere jeweils die Mittelpunkte aller Kreise. Orientiere dich an den Hilfslinien.

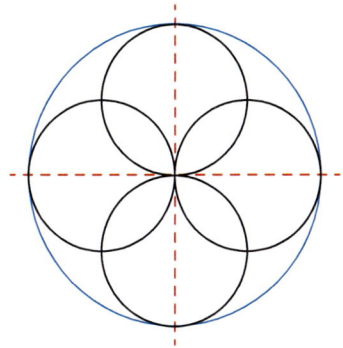 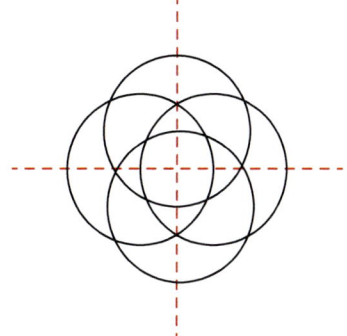 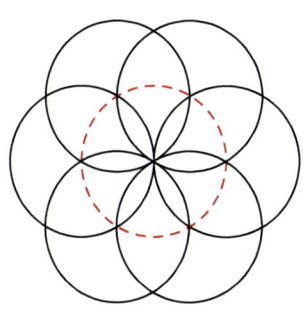

Symmetrie

① Flächen mit drei, vier oder mehr Ecken nennt man Vielecke.

a) Zeichne in jede Fläche alle Symmetrieachsen ein.

b) Fülle die Tabelle aus.

c Sind die Vielecke auch drehsymmetrisch? Versuche eine Begründung.

d) Markiere die Drehpunkte.

A
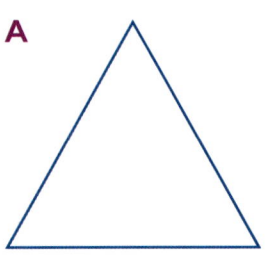

B

C
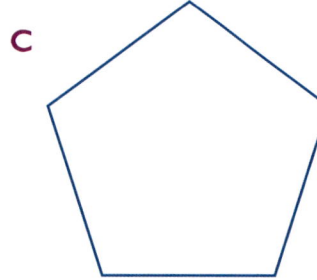

D
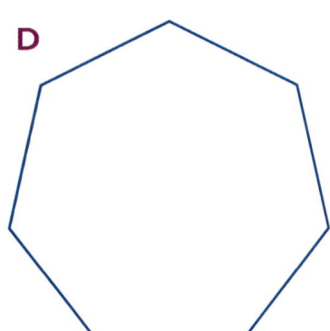

E
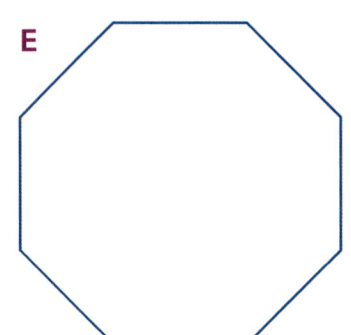

F
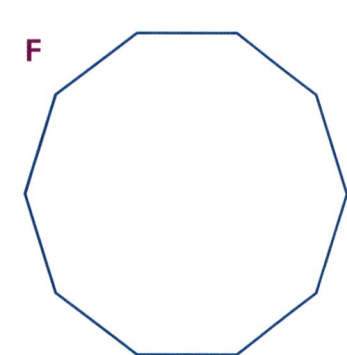

	Wie viele Ecken?	Alle Seiten gleich lang?	Wie viele Symmetrieachsen?	Ist das Vieleck drehsymmetrisch?
A				
B				
C				
D				
E				
F				

② Ergänze jeweils zur drehsymmetrischen Figur.

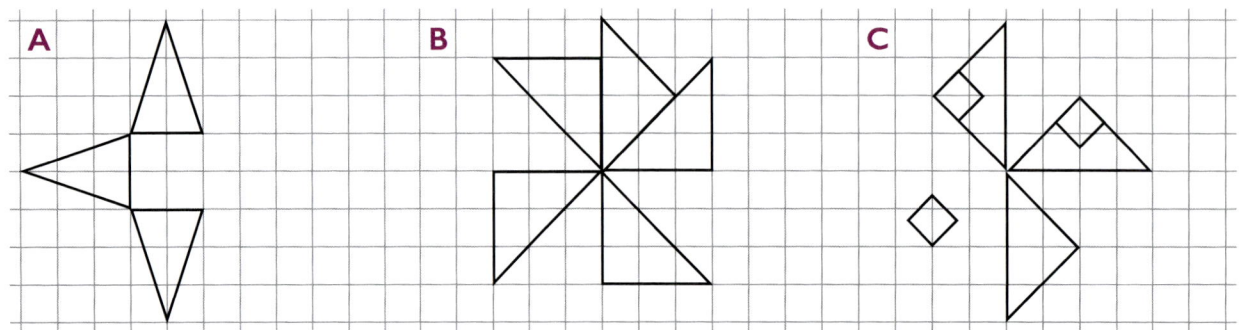

SB▶92/93 E▶43 A▶43

Division mit Stufenzahlen/Halbschriftlich dividieren

① Entscheide bei jedem Päckchen, in welcher Reihenfolge du rechnest.

a)
2 400 : 300 = _____
2 400 : 3 = _____
240 : 30 = _____
24 000 : 3 = _____
240 000 : 3 000 = _____

b)
4 500 : 90 = _____
450 : 9 = _____
4 500 : 900 = _____
450 000 : 90 000 = _____
45 000 : 9 000 = _____

c)
720 : 80 = _____
72 000 : 8 000 = _____
72 000 : 800 = _____
720 000 : 8 000 = _____
72 000 : 8 = _____

② Im Kopf oder halbschriftlich?

Entscheide für jede Aufgabe neu.

a)
4 800 : 4 = _____
8 440 : 4 = _____
6 520 : 4 = _____
7 648 : 4 = _____

b)
7 860 : 3 = _____
6 426 : 6 = _____
9 774 : 9 = _____
8 484 : 7 = _____

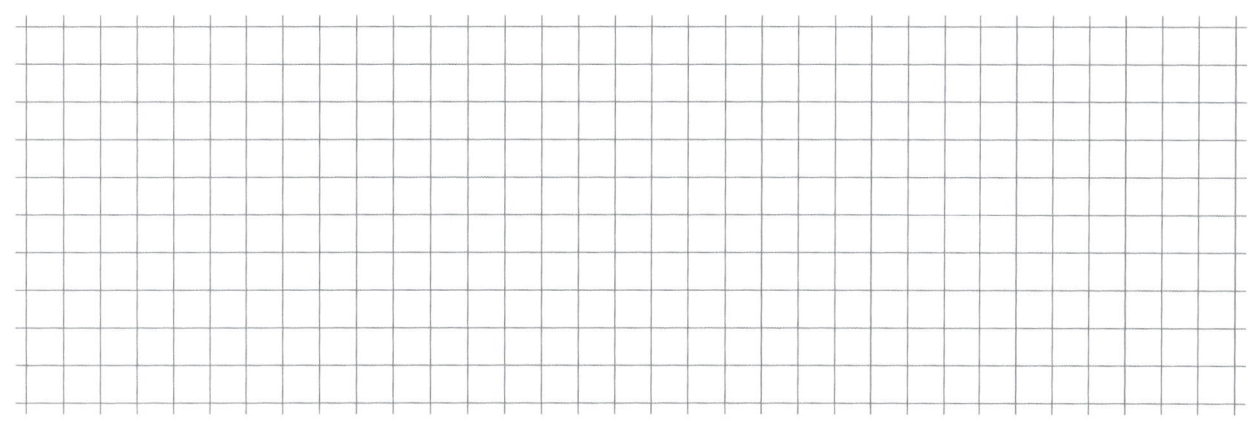

③ **a)** Löse die Aufgaben im Kopf oder halbschriftlich.

b) Bilde bei jedem Paar die Summe der ersten Zahlen (Dividenden). Dividiere durch denselben Divisor.

c) Was fällt dir auf? Bilde eine Aufgabe nach demselben Muster.

28 700 : 7 = _____
41 300 : 7 = _____

24 660 : 6 = _____
35 340 : 6 = _____

34 544 : 8 = _____
45 456 : 8 = _____

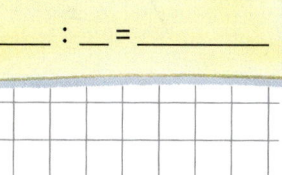

_____ : __ = _____
_____ : __ = _____
_____ : __ = _____

Schriftlich dividieren

So vermeidest du Fehler!

① Überschlag

Schreibe über jede Aufgabe deine Überschlagsrechnung.
Vermerke dazu, ob das genaue Ergebnis größer oder kleiner als
das Überschlagsergebnis sein wird.

a) Ü:

$4\ 6\ 3\ 8 : 3$

Ergebnis ist sicher _____

b) Ü:

$6\ 7\ 4\ 1 : 9$

Ergebnis ist sicher _____

c) Ü:

$8\ 6\ 7\ 2 : 4$

Ergebnis ist sicher _____

d) Ü:

$5\ 8\ 0\ 3 : 7$

Ergebnis ist sicher _____

e) Ü:

$4\ 1\ 7\ 7\ 6 : 8$

Ergebnis ist sicher _____

f) Ü:

$5\ 8\ 4\ 8\ 2 : 6$

Ergebnis ist sicher _____

---

② Endziffern

Wenn du die Einerstelle des Ergebnisses im Kopf mit der Zahl, durch die du geteilt hast,
multiplizierst, muss die Endziffer mit der Einerstelle der Zahl übereinstimmen,
die du dividiert hast.

– Welche Ergebnisse sind sicher falsch?
  Prüfe und markiere wie im Beispiel.
– Berichtige zwei Aufgaben, indem du schriftlich
  dividierst. Rechne zur Probe die Umkehraufgabe.

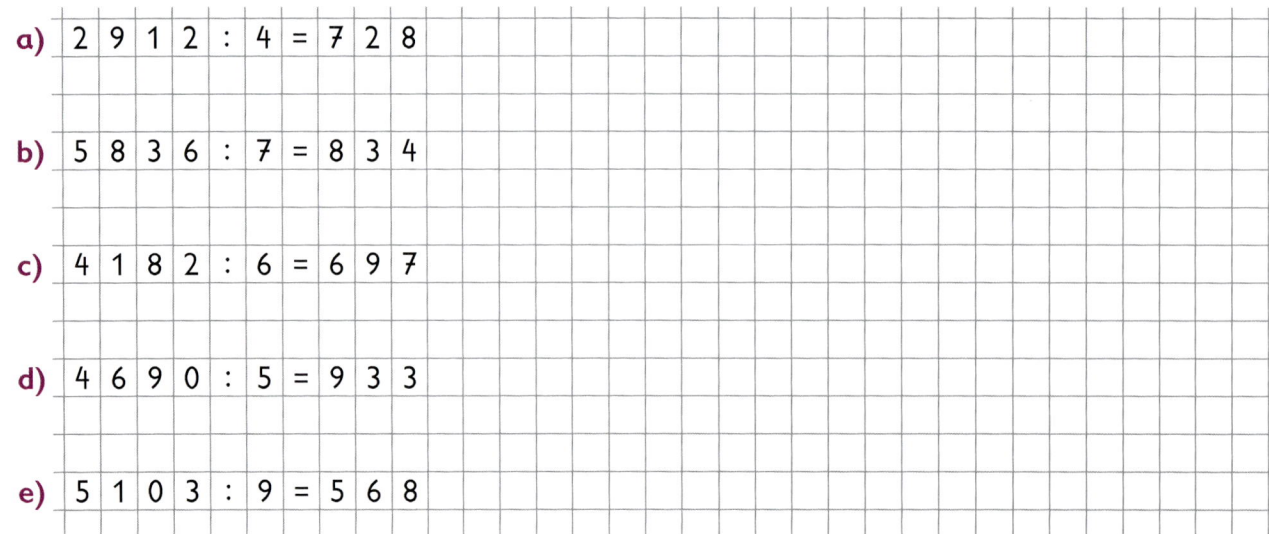

Ü: ≈ 5 0 0
3 8 9 ⑨ : ⑦ = 5 5 ⑥ f
P: 6 · 7 = 4 ②

a) $2\ 9\ 1\ 2 : 4 = 7\ 2\ 8$

b) $5\ 8\ 3\ 6 : 7 = 8\ 3\ 4$

c) $4\ 1\ 8\ 2 : 6 = 6\ 9\ 7$

d) $4\ 6\ 9\ 0 : 5 = 9\ 3\ 3$

e) $5\ 1\ 0\ 3 : 9 = 5\ 6\ 8$

Schriftlich dividieren üben

① Dividiere schriftlich.

a) Ü:

6 7 4 1 : 7 =

P:

b) Ü:

9 6 7 2 : 6 =

P:

c) Ü:

5 1 4 4 : 8 =

P:

d) Ü:

4 1 6 7 : 9 =

P:

e) Ü:

7 4 0 1 : 3 =

P:

f) Ü:

5 4 6 3 : 9 =

P:

g) Ü:

5 0 4 0 7 : 7 =

P:

h) Ü:

3 4 4 7 2 : 8 =

P:

Schriftlich dividieren üben

① Kreise die Aufgaben ein, bei denen sicher ein Rest bleibt.

| **a)** 6 756 : 5 | **b)** 8 435 : 4 | **c)** 2 406 : 6 | **d)** 7 673 : 2 | **e)** 4 970 : 7 | **f)** 5 957 : 8 |

② Manchmal bleibt ein Rest.

| **a)** 7 608 : 4 | **b)** 9 785 : 9 | **c)** 6 594 : 7 | **d)** 3 786 : 3 | **e)** 6 774 : 8 | **f)** 7 792 : 6 |

– Notiere zu jeder Aufgabe deine Überschlagsrechnung.
– Rechne nur die Aufgaben schriftlich, für die du ein Ergebnis erwartest,
  das größer als 1 000 ist. Rechne zur Kontrolle die Probe.

③ Achte auf das Komma. Rechne auch diese Aufgaben mit Überschlag.

Ü:
3 9 6 2, 4 0 € : 4 =

Ü:
5 6 0 3, 7 1 € : 7 =

SB ▶ 102   E ▶ 48   A ▶ 48

① Zu Klasse 4c gehören 20 Kinder. Sie haben ihre Körpergrößen in Strichlisten erfasst.
Die Mädchen haben rote, die Jungen blaue Striche gemacht.

Körpergröße in Metern	1,32	1,35	1,40	1,43	1,45	1,47	1,51	1,53
	I	I	III	I	IIII	IIIIII	II	II

a) Wie viele Mädchen und wie viele Jungen sind in der Klasse?

Mädchen: _____   Jungen: _____

b) Wie groß sind die Mädchen im Durchschnitt? _____

c) Wie groß sind die Jungen im Durchschnitt? _____

d) Gib die durchschnittliche Körpergröße der Kinder dieser Klasse an. _____

Dokumentiere deinen Lösungsweg für b) bis d).

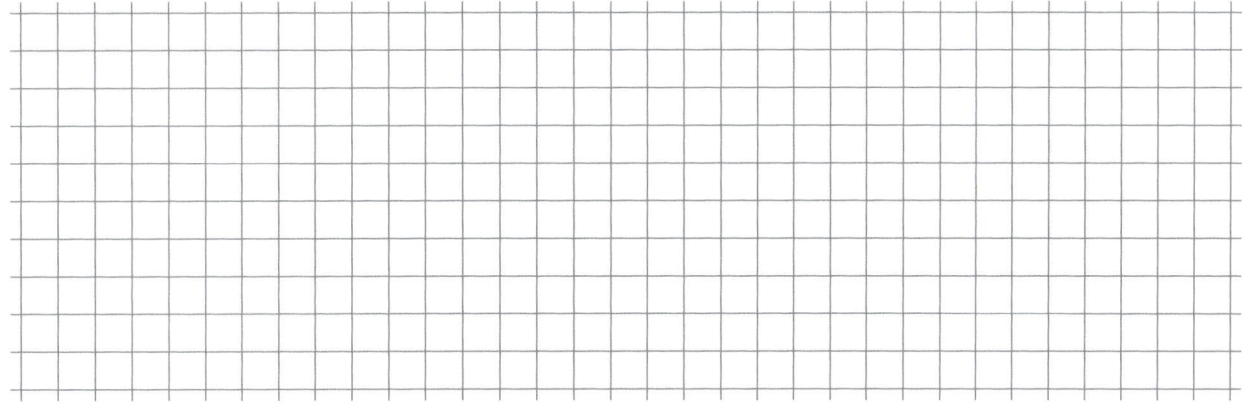

② Die Preise für eine Kugel Eis sind sehr unterschiedlich. Dies hat eine Recherche
in sechs Städten in Nordrhein-Westfalen (NRW) ergeben. Erfragt wurden die Preise
in jeweils zehn Eiscafés.

a) Berechne den Durchschnittspreis für eine Kugel Eis in Bonn und Düsseldorf.

	Preis für eine Kugel Eis in €									
Bonn	1,00	1,00	0,80	0,80	1,00	1,00	0,80	0,90	1,00	2,50
Düsseldorf	0,40	0,80	0,80	2,50	0,70	0,80	0,90	0,50	0,90	1,00

b) Ergänze in der Tabelle die Durchschnittswerte, die du in a) berechnet hast.
Was kostet eine Kugel Eis durchschnittlich in den befragten Eiscafés in NRW? _____

Durchschnittspreis für eine Kugel Eis in €					
Aachen	Bonn	Dortmund	Düsseldorf	Köln	Münster
0,99		1,00		0,96	0,98

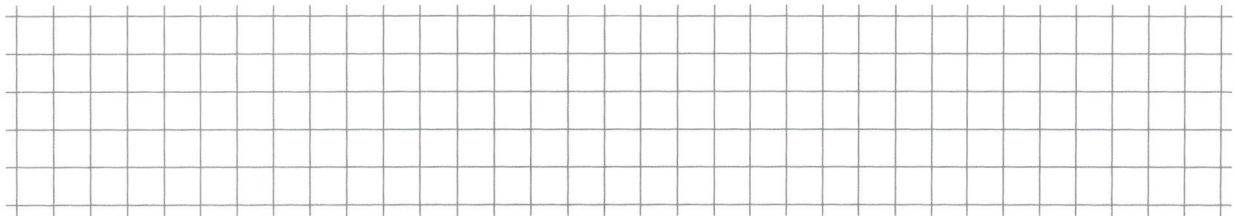

Vielfache

① Notiere die ersten 10 Vielfachen (V) von 12, 15 und 24.

Wie heißt das kleinste gemeinsame Vielfache von

a) 12 und 15   **b)** 12 und 24   **c)** 15 und 24   **d)** 12, 15 und 24?

② **a)** Ist 45 ein Vielfaches von 2, 3, 4 oder 5? Untersuche und begründe.

b) Untersuche auch die Zahlen 72 und 100, ob sie Vielfache von 2, 3, 4 oder 5 sind.

c) Notiere alle Zahlen bis 100, die gleichzeitig Vielfache von 3 und von 5 sind.

$V_{3,5}$: 15, ____, ____, ____, ____, ____

③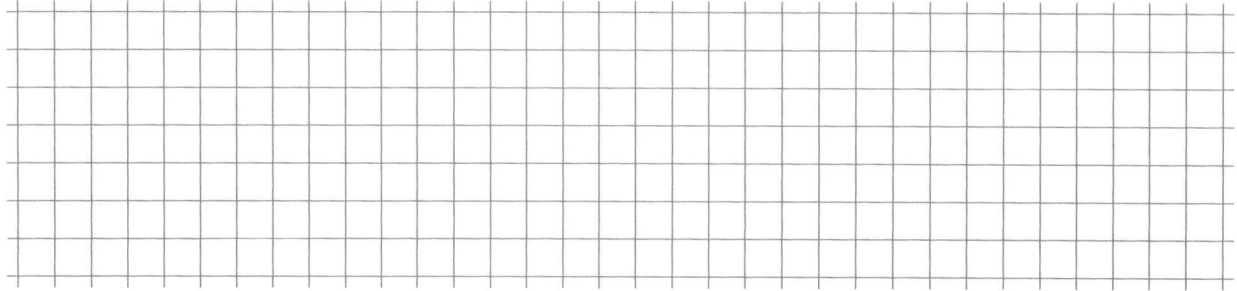
Die Buslinien 604, 612, 622 und 628 fahren morgens um 5:00 Uhr gleichzeitig vom Hauptbahnhof los.

Nach Fahrplan fährt die Linie 604 alle 12 Minuten, Linie 612 alle 10 Minuten, Linie 622 alle 15 Minuten und Linie 628 alle 20 Minuten am Bahnhof ab.

a) Wann fahren zum ersten Mal wieder Busse von zwei verschiedenen Linien gleichzeitig los?

b) Um wie viel Uhr fahren das nächste Mal Busse aller vier Linien gleichzeitig los?

SB▶104/105 E▶49 A▶49

① Streiche in dieser Zahlentafel nacheinander
die Vielfachen von 2, 3, 4, 5, 6 und 7.

51	52	53	54	55	56	57	58	59	60
61	62	63	64	65	66	67	68	69	70
71	72	73	74	75	76	77	78	79	80

a) Welche Zahlen bleiben übrig?

_____

b) Wie heißen diese Zahlen? _____

c) Welche besonderen Eigenschaften haben diese Zahlen?

_____

② Bestimme alle Teiler von 24, 36 und 63.

Welche Zahl ist der größte gemeinsame Teiler von

a) 24 und 36   **b)** 24 und 63   **c)** 36 und 63   **d)** 24, 36 und 63?

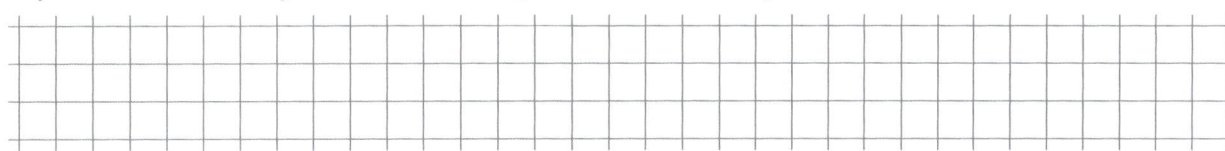

③ Zerlege die Zahlen 45, 55, 75, 120 und 250. Schreibe sie als Produkt aus lauter Primzahlen.

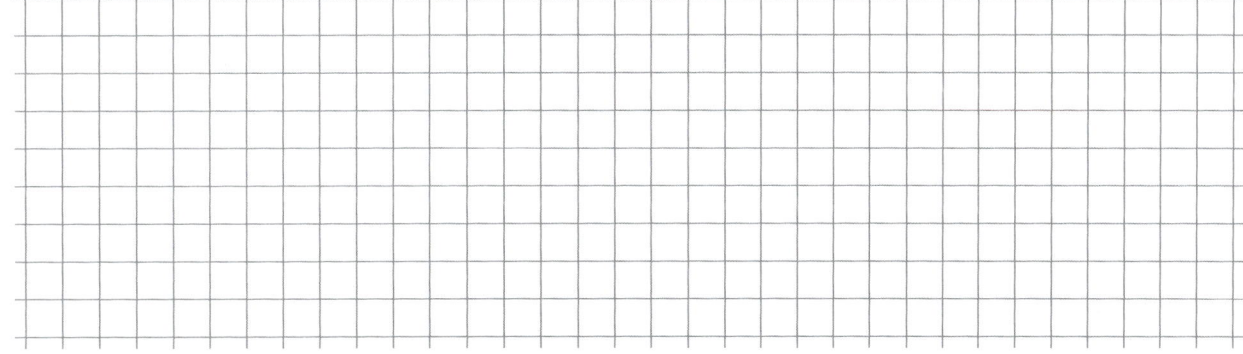

④ Lena verschenkt ihre Stickersammlung. Sie besitzt 36 Sticker. An wie viele Kinder kann sie
die Sticker verschenken, so dass jeder gleich viele bekommt und kein Sticker übrig bleibt?

Teilbarkeit

① Vervollständige die Regeln.

a) Eine Zahl ist durch 2 teilbar, wenn _____.

b) Eine Zahl ist durch 3 teilbar, wenn _____.

c) Eine Zahl ist durch 4 teilbar, wenn _____.

d) Eine Zahl ist durch 5 teilbar, wenn _____.

e) Eine Zahl ist durch 6 teilbar, wenn _____.

f) Eine Zahl ist durch 9 teilbar, wenn _____.

g) Eine Zahl ist durch 10 teilbar, wenn _____.

② Kreuze die Teiler jeder Zahl, bei denen du dir sicher bist, mit einem blauen Stift an.
Überprüfe weitere Teiler durch Division und markiere sie dann mit Rot.

ist teilbar durch	2	3	4	5	6	7	8	9	10
873									
5 400									
24 240									
333 333									
210 210									
123 456									

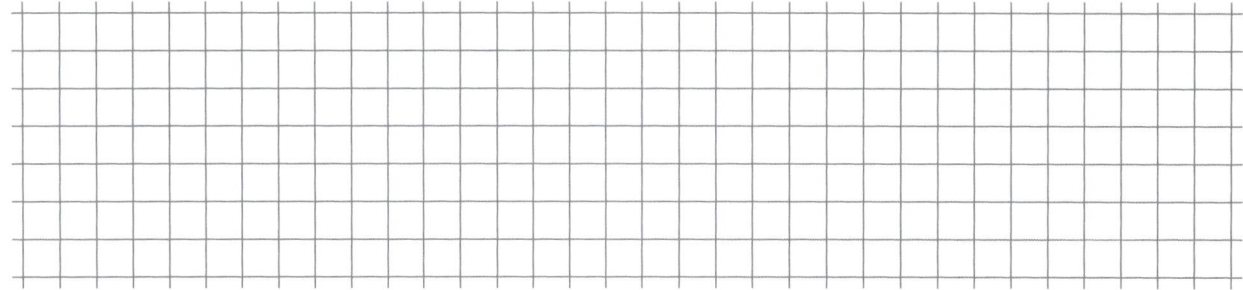

③ a) Bilde aus diesen Ziffernkärtchen vierstellige Zahlen, die sich
ohne Rest durch 5 teilen lassen. Wie viele verschiedene findest du?

b) Wie viele verschiedene vierstellige Zahlen findest du, die sich
ohne Rest durch 4 teilen lassen?

① Diese Aufgaben kannst du im Kopf lösen:

20 · 20 = _____
30 · 30 = _____
40 · 40 = _____
50 · 50 = _____

Berechne mit dem Taschenrechner diese Produkte:

19 · 21 = _____
29 · 31 = _____
39 · 41 = _____
49 · 51 = _____

Was fällt dir auf? _____

_____

Überprüfe deine Vermutungen an weiteren Aufgaben mit dem gleichen Muster.

② **Drei in einer Reihe** – ein Partnerspiel

• ☐ • Spielregel:

Ihr seid abwechselnd an der Reihe.
Der 1. Spieler wählt ein blaues und ein rotes Zahlenkärtchen und multipliziert die beiden Zahlen mit dem Taschenrechner.
Die Zahl, die dem Ergebnis am nächsten liegt, markiert er mit seiner Farbe im Ergebnisfeld.
Nun ist der 2. Spieler an der Reihe.
Ist die nächstliegende Zahl schon markiert, darf sie nicht noch einmal markiert werden.
Gewonnen hat der Spieler, der als Erster drei Felder nebeneinander, untereinander oder diagonal markiert hat.

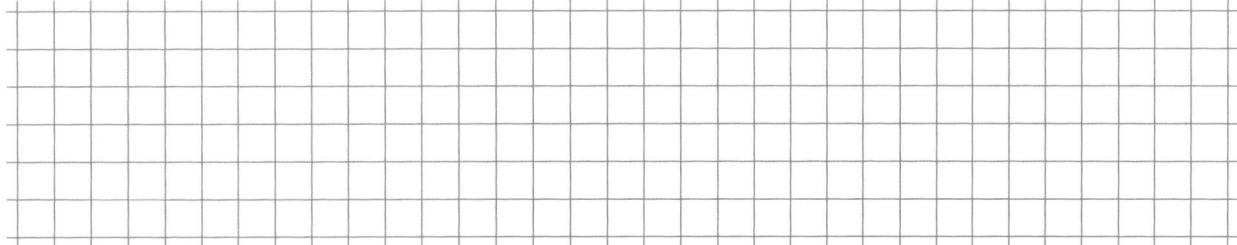

Ergebnisfeld		
1 640	3 125	2 221
1 300	2 105	4 010
925	2 860	685

22 53 68
31 42 59

③ **Wertvolle Produkte** – ein Partnerspiel

• ☐ • Spielregel:

Ihr seid abwechselnd an der Reihe.
Der 1. Spieler wählt zwei Zahlen aus dem Zahlenfeld, streicht sie durch und multipliziert sie mit dem Taschenrechner.
Er stellt fest, in welche Kiste das Ergebnis gehört, und notiert sich die Punktzahl.
Nun ist der 2. Spieler an der Reihe.
Gewonnen hat der Spieler, der am Ende die meisten Punkte erreicht hat.

11	17	18	19	21
23	24	38	39	42
46	47	51	52	55
57	59	61	68	71

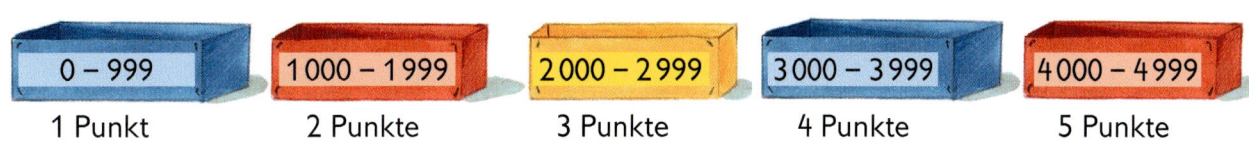

0 – 999	1 000 – 1 999	2 000 – 2 999	3 000 – 3 999	4 000 – 4 999
1 Punkt	2 Punkte	3 Punkte	4 Punkte	5 Punkte

Umfang und Flächeninhalt

① Bestimme die Länge des Umfangs aller Flächen.

a) Benenne an allen Vierecken die Seiten und zeichne ein, welche Winkel rechte sind.

b) Bestimme die Längen aller Seiten.

c) Welche Vierecke haben vier rechte Winkel? Was sind das für Flächen? Gib ihren Namen an.

d) Berechne für jede Fläche die Länge des Umfangs (U).

e) Welcher Umfang lässt sich besonders einfach durch Multiplikation berechnen?

A
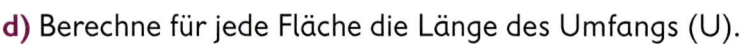

a = _____

b = _____

c = _____

d = _____

U = _____

B

a = _____

b = _____

c = _____

d = _____

U = _____

C

a = _____

b = _____

c = _____

d = _____

U = _____

D
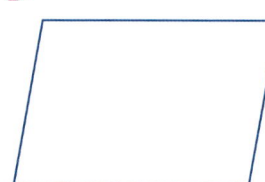

a = _____

b = _____

c = _____

d = _____

U = _____

E

a = _____

b = _____

c = _____

d = _____

U = _____

F
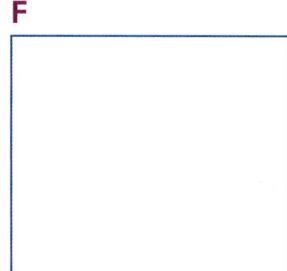

a = _____

b = _____

c = _____

d = _____

U = _____

② Bestimme den Flächeninhalt (F) der Rechtecke durch Einzeichnen der Zentimeterquadrate.

A

F: _____

B

F: _____

① Die Seitenlänge dieses Quadrats beträgt 10 Zentimeter (cm) oder 1 Dezimeter (dm).

a

a) Du kennst die Merksätze zum Zentimeterquadrat und zum Meterquadrat. Vervollständige den Merksatz für dieses Quadrat.

> Ein Quadrat mit der Seitenlänge
>
> a = 1_____ heißt
>
> _____.
>
> Sein Flächeninhalt beträgt
>
> 1_____.

b) Wie viele Zentimeterquadrate passen in ein Dezimeterquadrat? Gib den Flächeninhalt des Dezimeterquadrats in Quadratzentimetern an. Zeichne und rechne.

c) Wie viele Dezimeterquadrate passen in ein Meterquadrat? _____

---

② **a)** Bestimme die Seitenlängen dieses Rechtecks **A**.

a = _____, b = _____

b) Zeichne zwei Rechtecke **B** und **C**, in die das Rechteck **A** dreimal hineinpasst.

c) Wie groß sind die Flächeninhalte der Rechtecke? Zeichne oder rechne.

Flächeninhalt von   Flächeninhalt von   Flächeninhalt von

A: _____   **B**: _____   **C**: _____

d) Zeichne ein viertes Rechteck **D**. Es soll denselben Flächeninhalt wie B und C haben, aber eine andere Form.

Maßstab

① Welchen Maßstab wählst du, wenn du auf ein DIN-A4-Blatt zeichnen sollst?

Maßstab

a) eine Straße, die gerade verläuft und genau 1 000 m lang ist _____

b) ein Meterquadrat _____

c) den Grundriss eines Zimmers, das 4 m lang und 3,20 m breit ist _____

d) ein Hochhaus, das 40 Stockwerke hat, jedes ungefähr 2,50 m hoch _____

e) eine Brücke, die 400 m lang ist _____

f) eine Boing 777, die 76,50 m lang ist _____

g) einen 200 m langen ICE _____

h) ein Schwimmbecken mit 50 m langen Bahnen _____

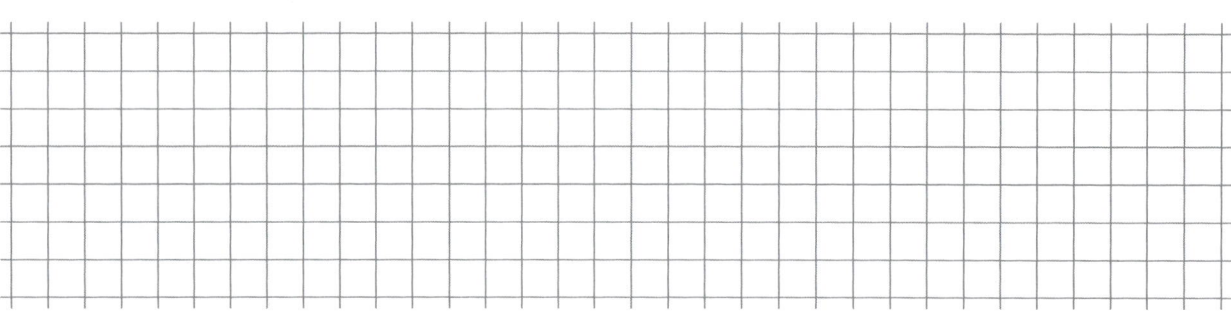

② Kennst du so einen Insektenbecher? Mit Hilfe der Lupe, die im Deckel eingebaut ist, sieht man winzige Insekten stark vergrößert. Dadurch werden Einzelheiten sichtbar, die du vielleicht mit bloßem Auge nicht erkennen könntest.

Vielleicht hast du schon einmal gesehen, dass jemand zum Lesen von sehr klein gedruckten Texten ebenfalls eine Lupe benutzt. Leselupen liefern je nach Abstand vom Text meist eine 2- bis 6-fache Vergrößerung.

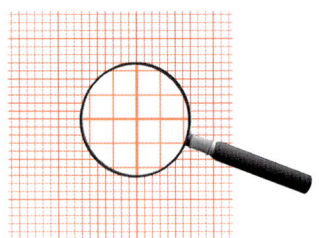

a) Wie lang sind die Seiten der Millimeterquadrate unter der Lupe?
In welchem Maßstab erscheint das Millimeterpapier vergrößert?

Seitenlänge: _____

Maßstab: _____

b) In welchem Maßstab würde das Millimeterpapier wie ein ganz normales Karoraster in deinem Heft erscheinen?

Maßstab: _____

c) Zeichne ein Quadrat des normalen Karorasters im Maßstab 4 : 1.

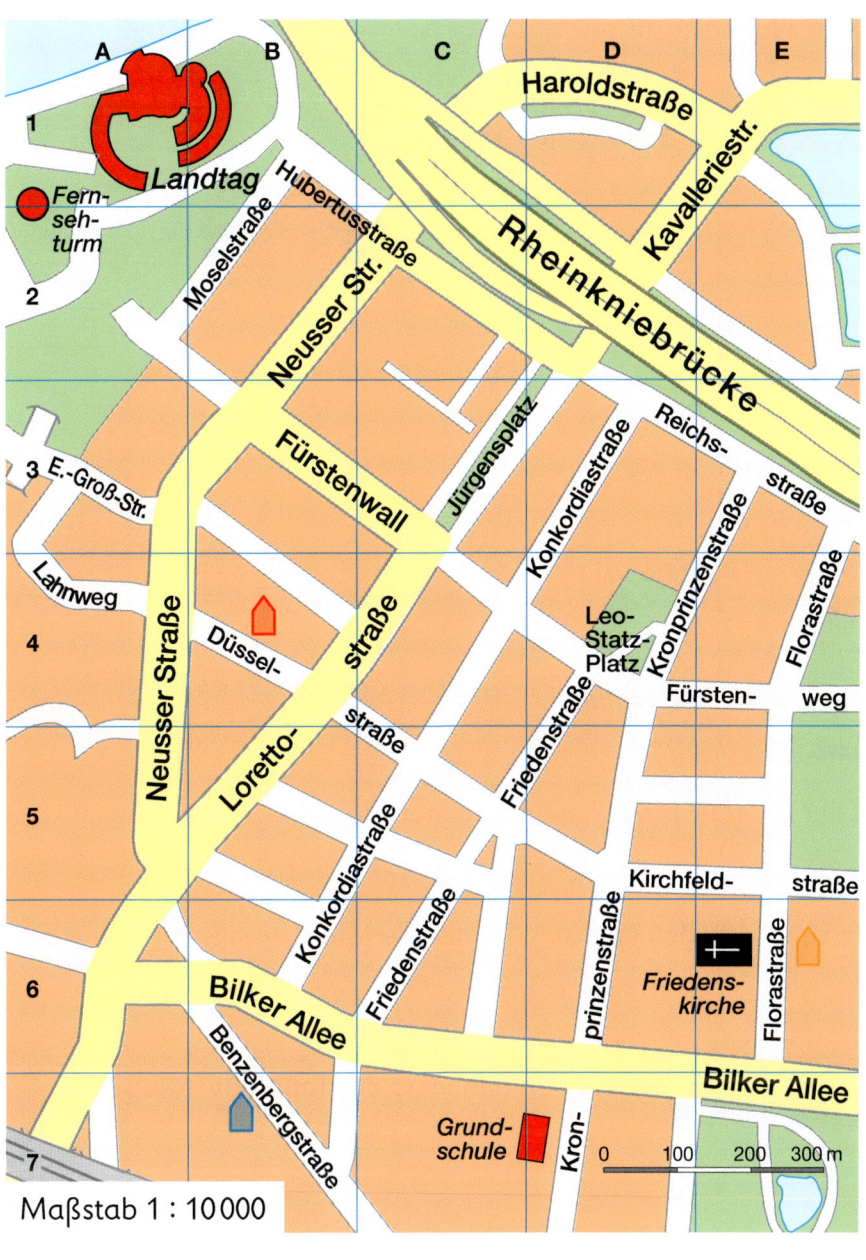

Maßstab 1 : 10 000

① Lars, Lucia, Tiago und Gesa wohnen in Düsseldorf.

Schreibe die richtigen Namen zu den Häusern. Zeichne für Lucia ein grünes Haus auf den Kartenausschnitt. Gib zu jedem Haus an, in welchem Planquadrat es liegt.

Tiago wohnt in der Benzenbergstraße.

Gesa wohnt direkt gegenüber der Kirche.

Lars wohnt mit seiner Familie in der Düsselstraße.

Die Wohnung von Lucias Familie liegt in der Kronprinzenstraße an der Kreuzung zur Reichsstraße.

⌂ _____

⌂ _____

⌂ _____

⌂ _____

② Wie sind die Somateile auf dem Bauplatz angeordnet? Auf 4E stehen 2 grüne Würfel übereinander. Male die Felder in den passenden Farben an.

A

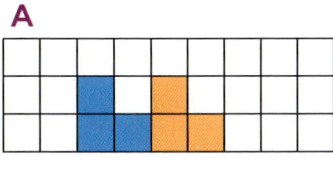

B

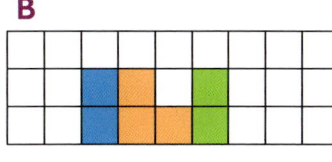

C

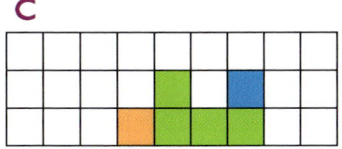

D

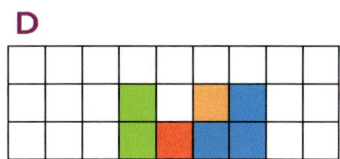

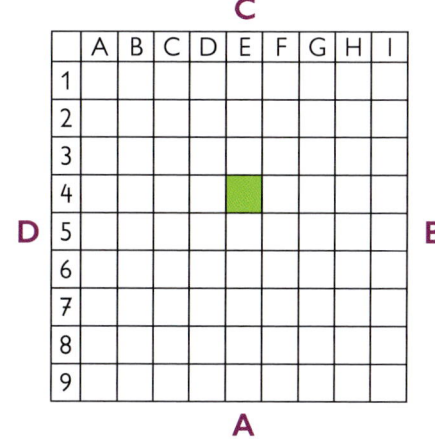

Aufgaben für Super M-Fans – Forschen und entdecken

1 Die Summe aller Zahlen in der 1. Hundertertafel beträgt 5050.
Wie groß ist die Summe aller Zahlen in der 2. Hundertertafel?

101	102	103	104	105	106	107	108	109	110
111	112	113	114	115	116	117	118	119	120
121	122	123	124	125	126	127	128	129	130
131	132	133	134	135	136	137	138	139	140
141	142	143	144	145	146	147	148	149	150
151	152	153	154	155	156	157	158	159	160
161	162	163	164	165	166	167	168	169	170
171	172	173	174	175	176	177	178	179	180
181	182	183	184	185	186	187	188	189	190
191	192	193	194	195	196	197	198	199	200

101 + 199
102 + 198

101 + 200
102 + 199

Summe der Zahlen in der 2. Hundertertafel: _____

Wie groß ist der Unterschied zur Summe in der 1. Hundertertafel? _____

2 Überlege, um wie viel sich die Summe in den nächsten Hundertertafeln jeweils verändert.

1. Hundertertafel	5050
2. Hundertertafel	
3. Hundertertafel	

Kannst du nun die Summe aller Zahlen in der Tausendertafel berechnen?

Summe der Zahlen in der Tausendertafel:

_____

3 Fülle das Zweier-Dreieck weiter aus.

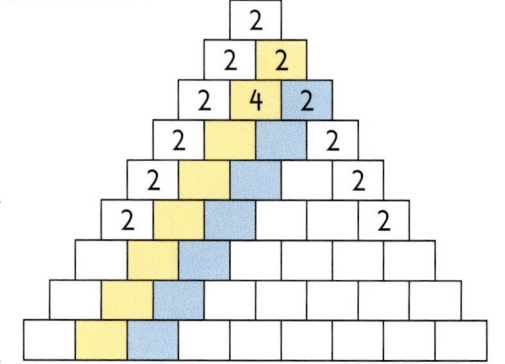

a) Notiere die Folge der gelb markierten Zahlen. Beschreibe das Muster.

_____

b) Untersuche auch die Zahlenfolge der blau markierten Zahlen.

_____

58

① Ergänze.

a)

I	II		IV				VIII	IX					XIV					XIX
1		3		5	6				10	11				15				

b)

	XX		XL					XC	
10		30		50		70	80		100

c)

C			CD					CM	
	200			500		700			1000

---

② Schreibe mit unseren arabischen Ziffern.

a) LX   = _60_   b) MMD = _____

   MMII = _____   DLV = _____

   LXIX = _____   CLIV = _____

   MCM   = _____   DXIV = _____

③ Schreibe mit römischen Zahlzeichen.

a) 108 = _____   b) 2060 = _____

   119 = _____   1053 = _____

   254 = _____   1450 = _____

   435 = _____   2509 = _____

---

④ Ludus XII Scriptorum (Zwölfpunktespiel) – ein Partnerspiel

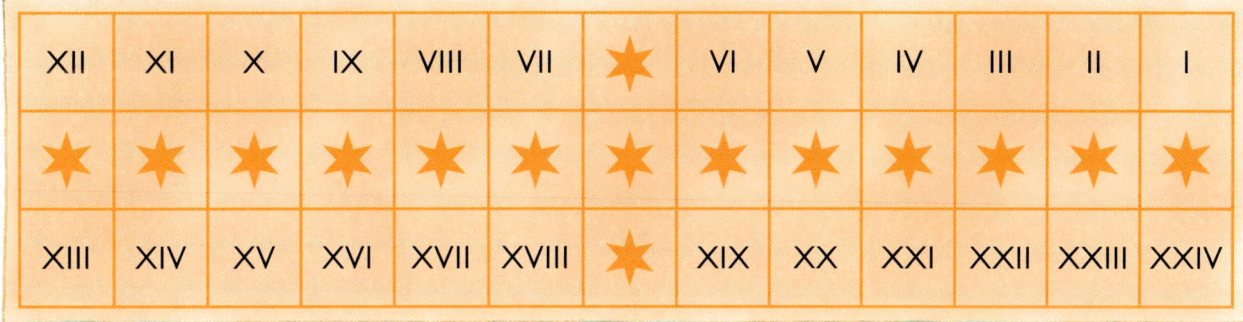

Material: Spielfeld, je Spieler 12 Spielsteine in einer Farbe, zwei Würfel
Spielregel:
Zu Beginn des Spiels liegen alle Spielsteine verstreut auf den Sternchen-Feldern.
Die Spieler sind abwechselnd an der Reihe. Gewürfelt wird mit zwei Würfeln.
Der Spieler kann entscheiden, ob er einen Stein um die Summe der beiden Würfel vorwärts bewegt oder zwei Steine um die jeweilige Augenzahl. Bei einem Pasch darf gezogen und dann noch einmal gewürfelt werden.
Ein Stein, der alleine auf einem Feld steht, kann von einem Stein der anderen Farbe hinausgeworfen werden und muss wieder auf das Startfeld gestellt werden. Stehen zwei oder mehr Steine einer Farbe auf einem Feld, so ist dieses für die andere Farbe gesperrt.
Ziel des Spiels ist es, mit allen Steinen das Spielfeld von I bis XXIV zu durchlaufen.

Gewonnen hat der Spieler, der als Erster mit allen Steinen das Spielfeld von I bis XXIV durchlaufen hat. Dabei darf immer mit beliebiger Zahl über das Ende hinaus gezogen werden.

SB ▶ 124/125   E ▶ 59   A ▶ 59

① Untersuche, welche Netze du in einem Zug zeichnen kannst.

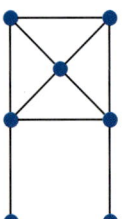 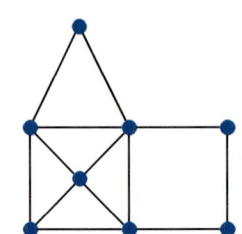 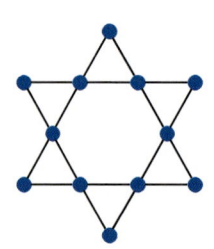 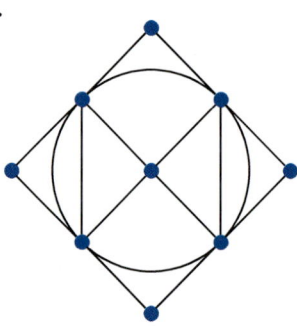

a) Zeichne jeweils einen Weg ein und markiere den Anfangs- und den Endknoten mit Rot.

b) Zähle bei jedem Knoten, wie viele Kanten hier zusammentreffen, und notiere die Anzahl.

c) Was fällt dir auf? _____

_____

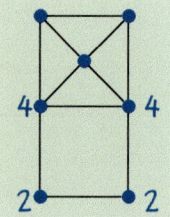

② Diese Skizze zeigt die Brücken von Königsberg, das heute Kaliningrad heißt.

Zeichne Brücken ein, so dass du von jedem beliebigen Stadtteil aus einen Rundweg über alle Brücken machen kannst und über keine Brücke doppelt gehst.

a) Wie viele Brücken musst du mindestens hinzufügen?

b) Zeichne einen möglichen Weg mit Rot ein.

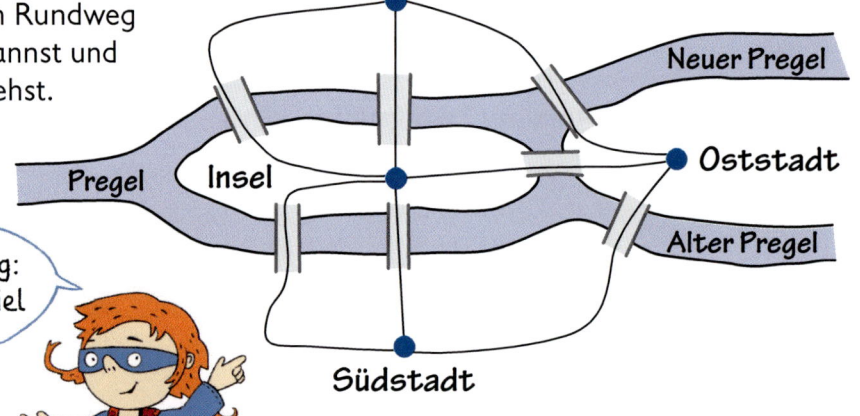

③ Erstaunliche Ringe

Du benötigst drei lange Papierstreifen in drei verschiedenen Farben, zum Beispiel in Rot, Grün und Gelb. Markiere auf allen Streifen die Mittellinie.

Klebe den roten Streifen zu einem einfachen Ring zusammen.
Drehe den grünen Streifen vor dem Zusammenkleben halb.
Drehe den gelben Streifen vor dem Zusammenkleben ganz herum.

Schneide nun die Streifen entlang der Mittellinie auf.

Beschreibe die Ergebnisse und notiere eine Erklärung.

_____

_____

Das kann ich jetzt – Addition und Subtraktion

① Wie rechnest du?

SCHRIFTLICH   iM KOPF

Ich über-
lege immer,
was schneller
geht!

a) 310 000 + 130 000 = _____

612 705 +   90 = _____

64 999 + 134 999 = _____

b) 246 784 + 193 678 = _____

58 375 + 106 493 = _____

133 333 + 311 111 = _____

c) 200 000 − 45 600 = _____

584 000 − 299 000 = _____

48 657 − 23 187 = _____

d) 283 469 − 145 674 = _____

475 382 − 246 785 = _____

199 999 − 23 000 = _____

② Rechnen mit Tauschzahlen.
Wähle eine beliebige vierstellige Zahl, die aus
vier verschiedenen Ziffern besteht, und bilde ihre Tauschzahl.
Subtrahiere die kleinere von der größeren Zahl.
Bilde auch die Tauschzahl des Ergebnisses und addiere sie
zum Ergebnis. Rechne viele Aufgaben nach diesem Muster.

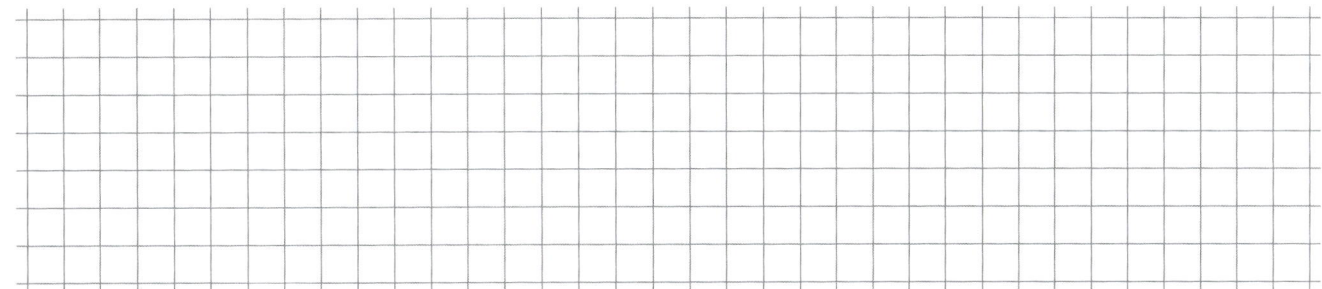

```
4360          0634

  4360          3726
− 0634        + 6273
  3726          9999
```

Was fällt dir auf? _____

③ Markiere die Aufgaben, bei denen du sofort sehen kannst, dass sie falsch gerechnet sind,
mit (f). Notiere, woran du den Fehler erkannt hast.

74 296 − 25 406 = 48 895 ( ) _____

43 627 + 28 976 = 92 603 ( ) _____

77 777 − 7 777 = 60 000 ( ) _____

64 550 + 35 450 = 100 000 ( ) _____

Endziffer

Überschlag

Probeaufgabe

Das kann ich jetzt – Multiplikation und Division

① Wie rechnest du?

Ich überlege immer, was schneller geht!

a) 400 · 50 = _____
427 · 58 = _____
301 · 20 = _____

b) 6 · 399 = _____
18 · 67 = _____
7 · 999 = _____

c) 3 · 125 000 = _____
13 257 · 42 = _____
1642 · 205 = _____

d) 56 000 : 8 = _____
14 735 : 7 = _____
27 270 : 9 = _____

e) 77 700 : 7 = _____
78 260 : 7 = _____
36 540 : 9 = _____

f) 14 400 : 10 = _____
14 400 : 12 = _____
14 400 : 25 = _____

② Wähle eine beliebige dreistellige Zahl und multipliziere sie mit 7. Multipliziere das Ergebnis mit 11 und dieses Ergebnis mit 13. Betrachte dein Endergebnis.

Was fällt dir auf? _____
Rechne ebenso mit mindestens fünf verschiedenen dreistelligen Zahlen.

③ Teile 1 000 000 durch 5, das Ergebnis wieder durch 5 und mache so weiter, bis du zu einem Ergebnis kommst, das nicht ohne Rest durch 5 teilbar ist. Teile diese Zahl durch 2, das Ergebnis wieder durch 2 und mache so weiter, bis deine Zahl nicht mehr durch 2 teilbar ist.

Bei welcher Zahl bist du angekommen? _____

Das kann ich jetzt – Größen und Sachrechnen

① Welche Wassermenge entspricht dem Gewicht?

a) 1 kg = _____   **b)** 300 g = _____   **c)** 750 g = _____   **d)** 0,350 kg = _____

0,5 kg = _____   250 g = _____   1 125 g = _____   0,050 kg = _____

② Ergänze den Flugplan vom Flughafen Köln/Bonn.

Reiseziel	Abflug	Flugzeit	Ankunft
Berlin		1 h 5 min	8.25 Uhr
Mallorca	8.00 Uhr		10.15 Uhr
Berlin	8.15 Uhr	1 h 5 min	
Paris		1 h 25 min	10.35 Uhr
Zürich	9.50 Uhr	1 h 10 min	
Rom	9.55 Uhr	2 h	
Wien	10.45 Uhr		12.10 Uhr

③ Familie Pauls fliegt für ein paar Tage zu Tante Marie nach Wien. Sie sollen 2 Stunden vor Abflug zum Check-in am Flughafen sein. Die Fahrt zum Flughafen dauert etwa 1 Stunde und 10 Minuten.

a) Um wie viel Uhr muss Familie Pauls spätestens losfahren?

_____

b) Als sie ins Auto einsteigen, möchte Jonas wissen:
„Wie lange dauert es noch, bis wir endlich in Wien sind?"

_____

④ Ein Tank fasst 23 000 Liter Wasser. Er wird durch drei Rohre gefüllt. In einer Stunde fließen durch Rohr **A** 1 800 l Wasser in den Tank, durch Rohr **B** 1 200 l und durch Rohr **C** 1 600 l. Wie lange dauert es, bis der Tank gefüllt ist?

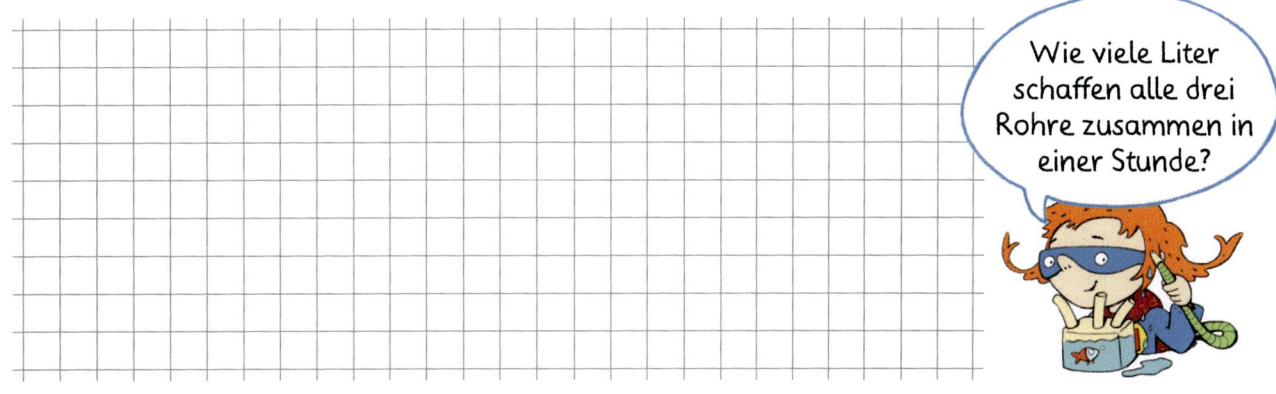

Wie viele Liter schaffen alle drei Rohre zusammen in einer Stunde?

Das kann ich jetzt – Geometrie

① a) Zeichne zu beiden Geraden je drei
Parallelen im Abstand von 1 cm.

Zeichne in das entstandene Raster
das Schrägbild eines Würfels mit
der Kantenlänge 2 cm.

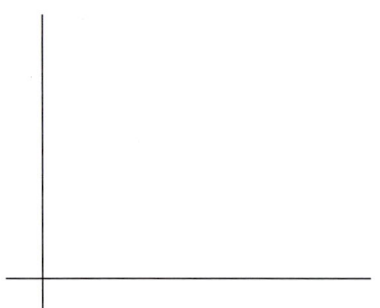

b) Wie lang sind die Seiten des Quaders?

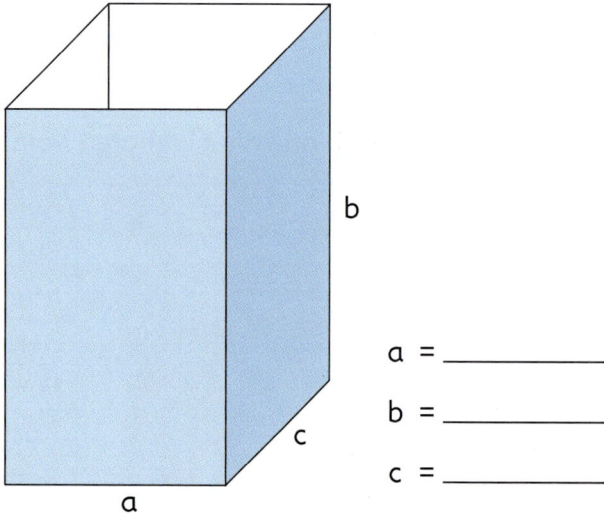

a = _____

b = _____

c = _____

---

② Zeichne die Muster weiter.
Das Raster mit den Zentimeterquadraten hilft. Entscheide, ob du zuerst mit dem Geodreieck
das Raster ganz oder teilweise vervollständigst. Vielleicht reichen dir auch die waagerechten
Parallelen. Die rechten Winkel kannst du mit dem Geodreieck zeichnen und auch die Länge
der Strecken festlegen.

a)

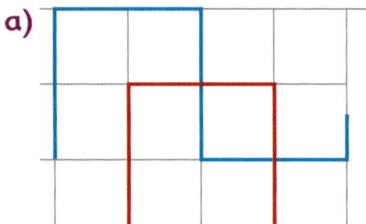

b)

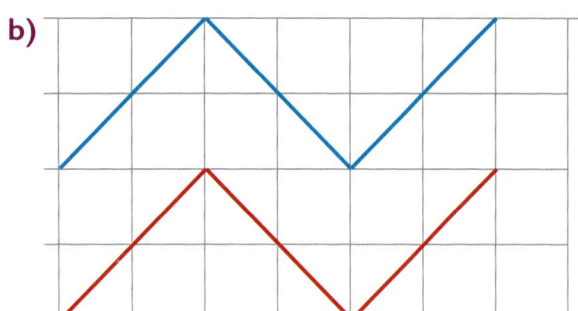

c)

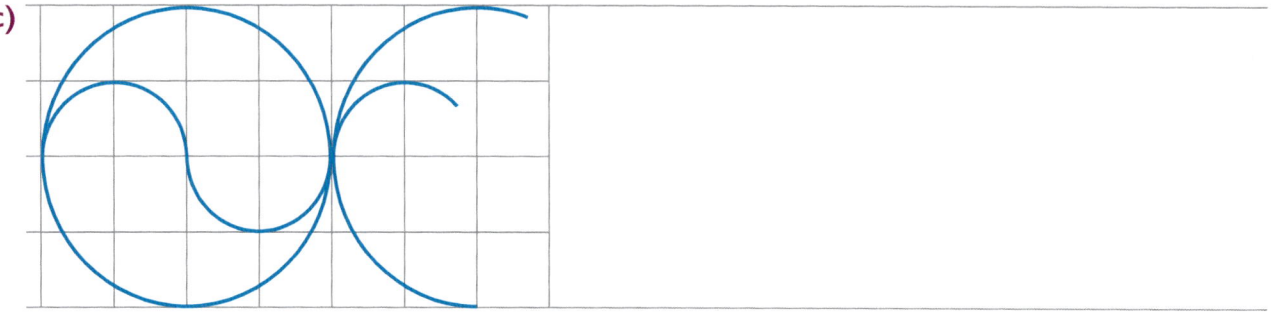